FORSCHUNGSBERICHTE
DES WIRTSCHAFTS- UND VERKEHRSMINISTERIUMS
NORDRHEIN-WESTFALEN

Herausgegeben von Staatssekretär Prof. Leo Brandt

Nr. 286

Dr.-Ing. Kurt Lange
Dipl.-Ing. Helmut Meinert

Institut für Werkzeugmaschinen und Umformtechnik
Technische Hochschule Hannover

unter Mitarbeit von
Dr.-Ing. habil. Heinz Arend

Verschleißverhalten hartverchromter Schmiedegesenke

im Auftrage des
Fachverbandes Gesenkschmieden, Hagen i. W.

Als Manuskript gedruckt

WESTDEUTSCHER VERLAG / KÖLN UND OPLADEN
1956

ISBN 978-3-663-03879-5 ISBN 978-3-663-05068-1 (eBook)
DOI 10.1007/978-3-663-05068-1

Forschungsberichte des Wirtschafts- und Verkehrsministeriums Nordrhein-Westfalen

Vorbemerkung

Die vorliegende Arbeit wurde auf Veranlassung des Fachverbandes Gesenkschmieden im Versuchsfeld der Forschungsstelle Gesenkschmieden und in einem Gesenkschmiedebetrieb durchgeführt. Die Firma Morsch & Strötzel, Hildesheim, übernahm sämtliche Verchromungsarbeiten. Die Versuche mit hartverchromten Gesenken im praktischen Schmiedebetrieb übernahm die Firma Heinr. Jung & Sohn, Halver i.W.. Die Firma Gebr. Nagel, Priorei i.W., förderte durch Übertragung größerer Aufträge für Schmiedestücke an die Forschungsstelle Gesenkschmieden die Untersuchungsarbeiten beträchtlich. Herr Dr.-Ing.habil. AREND, Mülheim/Ruhr, stellte seine Erfahrungen auf dem Gebiet hartverchromter Werkzeuge entgegenkommenderweise zur Verfügung. Das Land Nordrhein-Westfalen gab die zur Durchführung der Arbeiten erforderlichen Mittel.

Gliederung

1. Einleitung: Warum Hartverchromung? .... S. 5
2. Die Hartverchromung .... S. 5
   - 2.1 Beschreibung .... S. 5
     - 2.11 Badbedingungen und Stromausbeute .... S. 6
     - 2.12 Streuung des Chrombades .... S. 8
     - 2.13 Gasgehalte der Hartchromschichten .... S. 9
   - 2.2 Technologische Eigenschaften der Hartchromschicht .... S. 11
     - 2.21 Härte und Verschleißfestigkeit .... S. 11
     - 2.22 Weitere Eigenschaften der Hartchromschichten .... S. 13
   - 2.3 Wärmebehandlung der Hartchromschicht .... S. 13
   - 2.4 Einfluß des Grundwerkstoffes, insbesondere seiner Oberflächengüte .... S. 14
3. Eigene Versuche .... S. 15
   - 3.1 Zweck und Planung .... S. 15
     - 3.12 Versuchsplan .... S. 16
   - 3.2 Versuchsdurchführung .... S. 17
   - 3.3 Meßverfahren .... S. 20

Forschungsberichte des Wirtschafts- und Verkehrsministeriums Nordrhein-Westfalen

4. Ergebnisse . . . . S. 22
   4.1 Auswertung . . . . S. 22
   4.2 Verschleißvolumen ebener Staucheinsätze . . . . S. 24
       4.21 Einfluß der Schichtdicke auf das Verschleißvolumen . . S. 24
       4.22 Einfluß der Schichthärte auf das Verschleißvolumen . . S. 29
   4.3 Rißbildung . . . . S. 38
   4.4 Der Verschleiß der untersuchten hartverchromten
       Pressen- und Hammergesenke . . . . S. 39
       4.41 Doppelkegelgesenk . . . . S. 40
       4.42 Radiatorenstopfengesenke . . . . S. 41
       4.43 Betriebsversuche . . . . S. 41
   4.5 Einfluß der Oberfläche und der Gesenkwerkstoffe auf die
       Haftfestigkeit der Hartchromschicht . . . . S. 51
   4.6 Einfluß der Umformmaschine . . . . S. 52
   4.7 Der Gleitwiderstand zwischen Schmiedewerkstoff und Gesenk . S. 53

5. Bedeutung der Ergebnisse für die Praxis . . . . S. 54
   5.1 Technische Bedeutung . . . . S. 54
   5.2 Kosten der Hartverchromung . . . . S. 57

6. Zusammenfassung und Hinweise für die weitere Forschung . . . . . S. 59

7. Literaturverzeichnis . . . . S. 61

Forschungsberichte des Wirtschafts- und Verkehrsministeriums Nordrhein-Westfalen

1. Einleitung: Warum Hartverchromung ?

Bei richtiger Werkstoffwahl und -behandlung werden Schmiedegesenke im allgemeinen durch Überschreitung der Maßtoleranz unbrauchbar; dies ist zum überwiegenden Teil auf Verschleiß zurückzuführen. In einer früheren Arbeit (1) sind die Ursachen des Gesenkerliegens, insbesondere der Verschleiß, eingehender behandelt worden. Von den damals untersuchten Oberflächenbehandlungsverfahren ergab die Hartverchromung den größten Erfolg. Allerdings wurden auch einige Mängel, wie Abblättern der Chromschicht und Weichfleckigkeit, beobachtet.

Schon früher wurden in deutschen und ausländischen Gesenkschmieden verschiedentlich Versuche mit hartverchromten Gesenken gemacht. Wegen der teils sehr guten, teils aber auch negativen Ergebnisse hat sich die Hartverchromung jedoch nicht allgemein durchsetzen können. Die Forschungsstelle Gesenkschmieden hat deshalb diese wichtige Frage aufgegriffen, um in einer umfassenden Versuchsarbeit einmal die Möglichkeiten und Grenzen der Hartverchromung bei Schmiedegesenken sowie die günstigsten Verchromungs- und Arbeitsbedingungen zu erkennen.

Die Ergebnisse sind in dieser Arbeit niedergelegt; sie geben dem Schmiedebetrieb die Möglichkeit, die Lebensdauer einer großen Gruppe von Schmiedegesenken in wirtschaftlicher Weise zu erhöhen.

2. Die Hartverchromung

2.1 Beschreibung

Nach dem augenblicklichen Stand der Forschung kann die Hartverchromung als eine "Auftragshärtung" bezeichnet werden, bei welcher der härtere Werkstoff Hartchrom ohne eine aus einem anderen Metall bestehende Zwischenschicht elektrolytisch auf einen Grundwerkstoff aufgetragen wird, ohne daß dieser eine Umwandlung erfährt.

Im folgenden sollen nur einige der an sich sehr verwickelten und auch heute noch keineswegs restlos geklärten elektrochemischen Vorgänge, soweit diese für die Versuchsdurchführung und Auswertung bedeutungsvoll sind, kurz beschrieben werden.

Die elektrolytische Metallabscheidung erfolgt im allgemeinen aus einer wässrigen Lösung des Metallsalzes, das durch Auflösen der aus gleichem Metall bestehenden Anode ersetzt wird. Anoden aus Chrom sind aber zur

Chromabscheidung unbrauchbar. Deshalb bestehen bei der Hartverchromung die Anoden aus Hartblei und das Hartchrom wird im Gegensatz zu fast allen anderen galvanischen Verfahren aus dem Anhydrid der Chromsäure $Cr O_3$ abgeschieden. Um technisch brauchbare Chromschichten zu erhalten, muß dem Chromsäurebad eine bestimmte Menge Fremdsäure zugesetzt werden. Nach grundlegenden Arbeiten von LIEBREICH (2) und FINK (3) genügt die Anwesenheit von Fremdsäure allein noch nicht, vielmehr ist ein ganz bestimmtes Verhältnis Fremdsäure zu Chromsäure für die optimale Abscheidung notwendig. Die Chromsäurekonzentration wird in Gramm je Liter Badflüssigkeit (g CrO_3/l), der Gehalt an Fremdsäure in Prozent, bezogen auf die Chromsäurekonzentration des Bades, angegeben. Als Fremdsäure kann Schwefelsäure, Flußsäure oder Kieselflußsäure verwendet werden; dies wirkt sich sowohl auf die Eigenschaften des abgeschiedenen Hartchroms als auch auf die Abscheidungszeit aus.

2.11 Badbedingungen und Stromausbeute

In der Hartverchromungstechnik werden unter dem Begriff <u>Badbedingungen</u> sowohl die <u>Chromsäurekonzentration</u>, Art und Gehalt der <u>Fremdsäure</u> als auch die <u>Stromdichte</u> und <u>Badtemperatur</u> verstanden. Die <u>Stromdichte</u> ist die Stromstärke in Ampere bezogen auf die Einheit der zu verchromenden Fläche in dm^2.

Ein weiterer Begriff, dem große wirtschaftliche Bedeutung zukommt, ist die <u>Stromausbeute</u>. Diese ist folgendermaßen definiert:

$$\text{Stromausbeute (in \%)} = \frac{\text{zur Cr-Abscheidung genutzte el. Energie}}{\text{gesamte aufgewandte elektr. Energie}} \cdot 100$$

Sie kann durch Veränderung der oben genannten Badbedingungen beeinflußt werden. Aus der großen Anzahl der Veröffentlichungen zu diesem Thema seien hier nur die zusammenfassenden Arbeiten von BILFINGER (4) sowie von AREND und DETTMER (5) genannt. Aus der letzteren ist Abbildung 1 entnommen, in der die Linien gleicher Stromausbeute in Abhängigkeit von der Stromdichte und Badtemperatur dargestellt sind. Eine höhere Stromdichte bewirkt also größere Stromausbeute, während eine Steigerung der Badtemperatur die Stromausbeute herabsetzt.

Den Einfluß der Chromsäurekonzentration zeigt Abbildung 2 (ebenfalls aus (5)), wonach die größte Stromausbeute für 50 A/dm^2 Stromdichte und $40°$ bis $50°$ Badtemperatur bei 250 g CrO_3/l liegt, wobei 1 % H_2SO_4 als Fremdsäure diente.

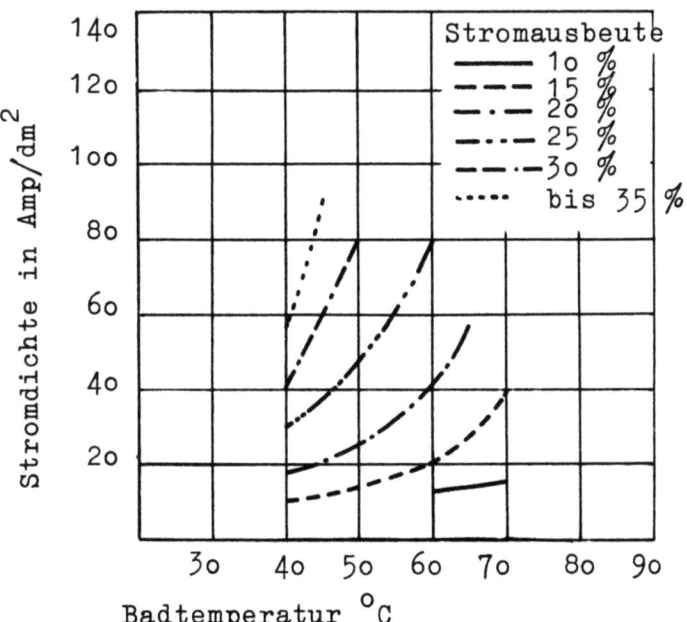

Badzusammensetzung: 250 gr CrO_3/l in 1 % H_2SO_4

Abbildung 1

Die Stromausbeute von Hartchrombädern in Abhängigkeit von den Abscheidungsbedingungen (nach AREND/DETTMER (5))

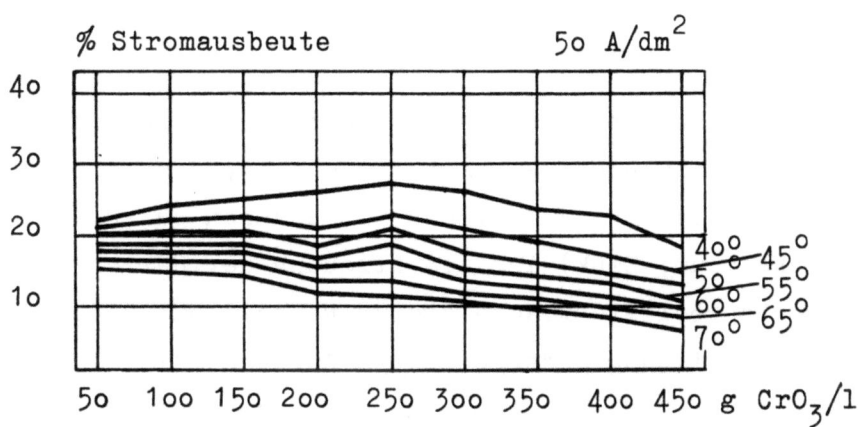

Abbildung 2

Die Stromausbeute in schwefelsauren (1 %) Hartchrombädern in Abhängigkeit von der Chromsäurekonzentration und Temperatur (nach AREND/DETTMER (5))

Untersuchungen von BILFINGER (4) zeigen in Abbildung 3, wie Art und Gehalt der Fremdsäure die Stromausbeute beeinflussen.

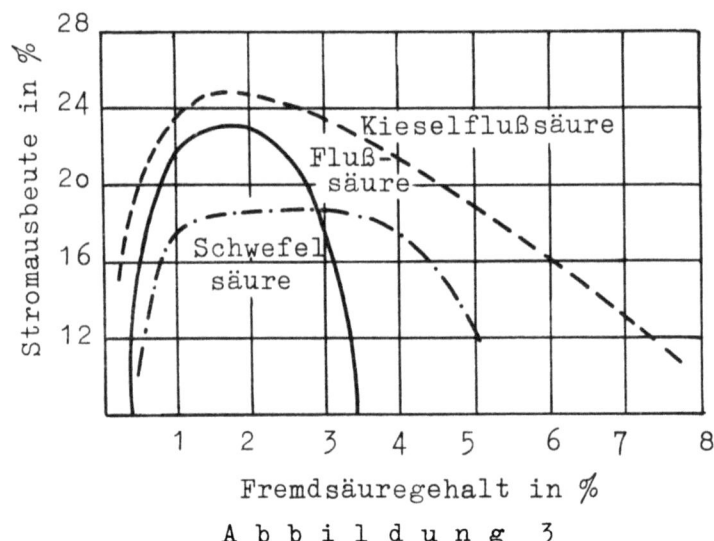

Abbildung 3

Abhängigkeit der Stromausbeute von Art und Gehalt
der Fremdsäure im Chrombad (nach BILFINGER (4))

Die zur Erzielung der größten Stromausbeute erforderlichen Badbedingungen sind jedoch in der Praxis nicht anwendbar, da Stromdichte und Badtemperatur die Güte der abgeschiedenen Hartchromschichten bestimmen. Zu den Aufgaben dieser Untersuchungen gehörte daher auch die Ermittlung geeigneter Abscheidungsbedingungen für die Hartverchromung von Schmiedegesenken.

2.12 Streuung des Chrombades

Bei allen galvanischen Prozessen strebt man einen gleichmäßigen Metallniederschlag auf der ganzen Werkstückoberfläche an, d.h. die Bäder sollen möglichst stark "streuen". Verglichen mit anderen galvanischen Bädern (z.B. Nickel, Kadmium, Zink) ist die Streuung der Hartchrombäder sehr schlecht. Eine bearbeitete Fläche großer Rauheit hat nach dünner Hartverchromung das in Abbildung 4 dargestellte Aussehen. Infolge der geringen Streuung erfolgt der Chromniederschlag auf den hervortretenden Spitzen, an denen sich oft sogar Ausblühungen, auch Knospen genannt, bilden. Im weiteren Verlauf des galvanischen Prozesses wird zwar die Chromschicht zu einer geschlossenen Decke zusammenwachsen, wobei aber in den Tälern keine feste Verankerung mit dem Grundwerkstoff gegeben ist, ja, sogar Hohlräume entstehen können.

Eine weitere Folge der schlechten Streuung ist eine an ebenen runden Platten zu beobachtende Randverstärkung (Abb. 5). Die am Rande liegenden Teile der Kathode ziehen infolge der Spitzenwirkung des Stromes Stromlinien an, die

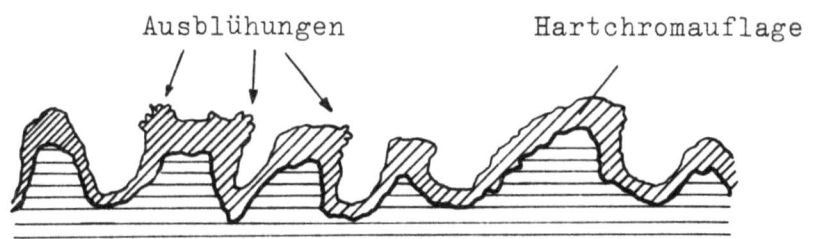

Abbildung 4

Profilausschnitt einer bearbeiteten Oberfläche
großer Rauheit mit dünner Hartchromauflage

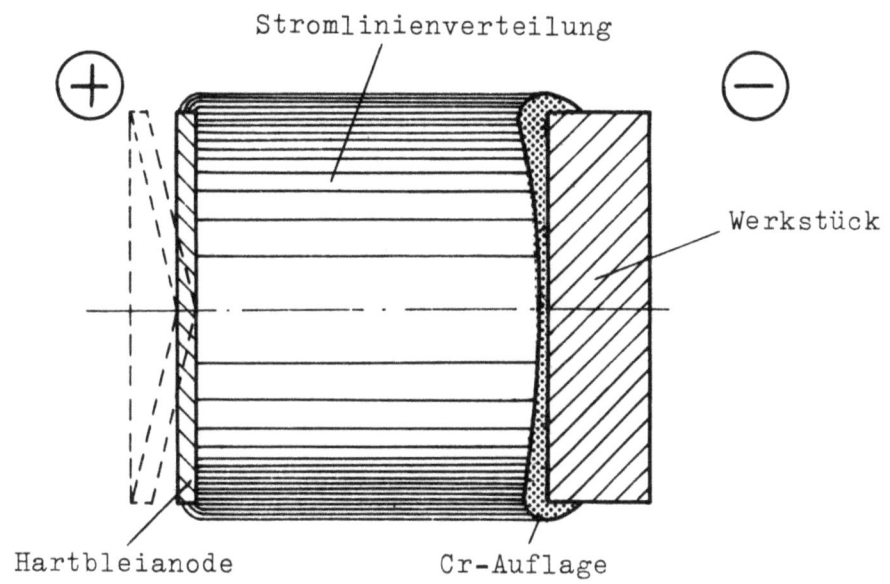

Abbildung 5

Stromlinienverteilung zwischen den Elektroden
und Randverstärkung infolge Spitzenwirkung

an sich seitlich vorbeilaufen müßten. Dadurch wird die Stromdichte örtlich erhöht; hierdurch wird die Stromausbeute und damit die Schichtdicke vergrößert. Da auch der Elektrodenabstand die Abscheidungsdicke der Chromschicht wesentlich beeinflußt, kann die Randverstärkung durch kegelige Gestaltung der Anode ausgeschaltet werden.

Die schlechte Streuung der Chrombäder und die daraus entstehenden, oben behandelten Auswirkungen erfordern bei profilierten Gegenständen, wie sie Gesenke darstellen, eine sehr sorgfältige Gestaltung der Anode.

2.13 Gasgehalte der Hartchromschichten

Während des Verchromungsprozesses wird der größere Teil der elektrischen

Energie zur Wasserzersetzung aufgezehrt; nur ein geringer Teil, entsprechend der Stromausbeute, wird zum Niederschlagen der Hartchromschicht genutzt.

An der Kathode wird Wasserstoff entwickelt, an der Anode Sauerstoff, und zwar im Verhältnis 2:1. EILENDER, AREND und SCHMIDTMANN (6) haben die Abhängigkeit der Wasserstoff- und Sauerstoffaufnahme der Hartchromschicht von den Abscheidungsbedingungen untersucht[1]. Die Wasserstoffaufnahme (Abb. 6) verläuft danach ähnlich wie die Stromausbeute; beide steigen mit zunehmender Stromdichte und fallender Badtemperatur.

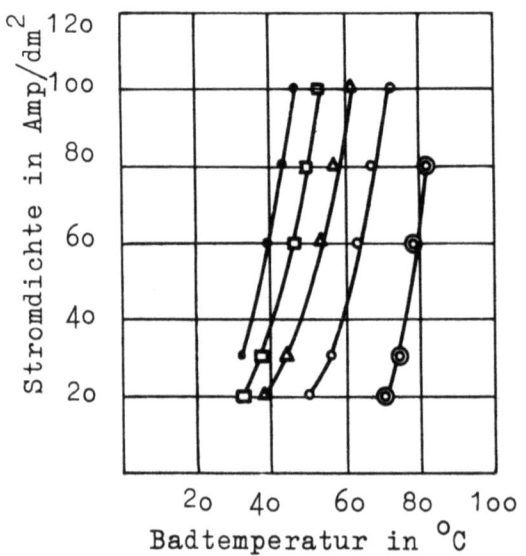

⊚——⊚ 0,03 % H_2 ○——○ 0,04 % H_2 △——△ 0,05 % H_2 □——□ 0,06 % H_2 ●——● 0,07 % H_2

A b b i l d u n g   6

Der Wasserstoffgehalt von Hartchromschichten in Abhängigkeit von den Abscheidungsbedingungen (nach EILENDER, AREND und SCHMIDTMANN (6))

Andererseits wird bei größerer Stromausbeute der die Wasserzersetzung bewirkende Anteil der gesamten zugeführten elektrischen Energie kleiner[2]. Dementsprechend wird auch weniger Wasserstoff entwickelt. Anteilmäßig wird jedoch mehr Wasserstoff von der Chromschicht aufgenommen. Die Sauerstoffaufnahme folgt den gleichen Gesetzmäßigkeiten wie die Wasserstoffaufnahme. Die

---

1. Die Zahlenwerte in Abbildung 6 geben Gewichtsprozente an

2. Gesamte zugeführte elektrische Energie = zur Cr-Abscheidung genutzte elektrische Energie + zur Wasserzersetzung aufgebrauchte elektrische Energie. Der überwiegende Teil der entwickelten Gase entweicht in die Atmosphäre

von der Chromschicht aufgenommene Sauerstoffmenge ist dabei etwa fünf- bis achtmal so groß wie die aufgenommene Wasserstoffmenge[1].

2.2 Technologische Eigenschaften der Hartchromschicht

2.21 Härte und Verschleißfestigkeit

Eine kennzeichnende Eigenschaft der elektrolytisch aufgetragenen Chromschicht ist die außergewöhnliche Härte, die bis zu 1250 kg/mm^2 und darüber betragen kann. Wegen der geringen Schichtdicke[3] kann nur die Härteprüfung nach VICKERS (DIN 50 133) mit entsprechend kleinen Prüflasten durchgeführt werden. Nach dem Normblatt soll die zu prüfende Schichtdicke mindestens das 1,5-fache der Eindruckdiagonalen betragen, wenn das Ergebnis nicht durch den weicheren Grundwerkstoff verfälscht werden soll. Dementsprechend ist die Prüflast zu wählen.

Alle Prüfverfahren, die anstelle der genau definierten Härte einen aus einer willkürlichen Verschleißbeanspruchung gewonnenen "Härte"-Wert angeben, sind abzulehnen, da Härte und Verschleißfestigkeit keineswegs identisch sind ! Das Verschleißverhalten eines Werkstoffes hängt in starkem Maße von den Verschleißbedingungen ab und kann deshalb nicht ohne weiteres auf anders gelagerte Fälle übertragen werden (vergl.(1)).

Die Härte der Hartchromschichten wird nun entscheidend von den Abscheidungsbedingungen beeinflußt - Badtemperatur, Stromdichte, Badzusammensetzung. Das sind also die gleichen Größen, welche auf die Stromausbeute und die Gasgehalte einwirken. Für die Badzusammensetzung 200 g CrO_3/l mit 1 % H_2SO_4 gibt Abbildung 7 die Ergebnisse der Untersuchungen von EILENDER, AREND und SCHMIDTMANN (7) wieder. Man erkennt, daß es für jede Stromdichte zwei Badtemperaturen gibt, die Schichten gleicher Härte liefern. Ferner werden die höchsten Härtewerte bei sehr niedrigen Stromdichten erreicht. Aus Abbildung 7 ist auch der bei schwefelsäurehaltigen Bädern zwischen Härte und Glanz bestehende Zusammenhang festzustellen. Ein ähnliches Diagramm für die Badzusammensetzung 250 g CrO_3/l und 1 % H_2SO_4 wurde von WAHL und GEBAUER (8) aufgestellt. Unter Berücksichtigung der unterschiedlichen Badkonzentration ist vor allem bei hohen Temperaturen eine gewisse Übereinstimmung festzustellen. Außer der Badzusammensetzung beeinflussen

---

3. Je nach Verwendungszweck beträgt die Schichtdicke zwischen 0,002 bis 0,1 mm, in Ausnahmefällen sogar bis 1,5 mm

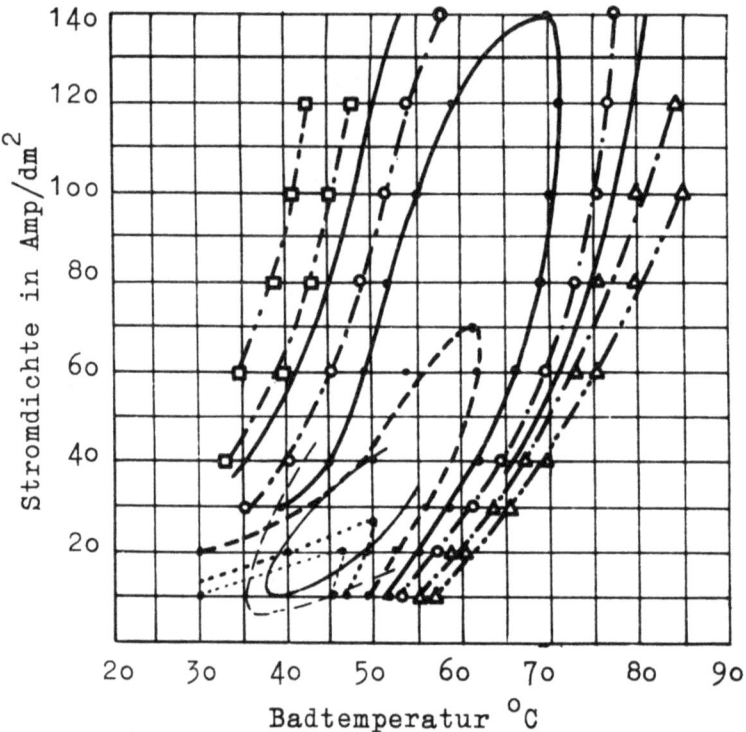

········	1025	Vickers Härte	● glänzende Schichten
·······	1000	" "	○ mattglänzende schleiffähige Schichten
-----	900	" "	□ matte Schichten (spröde)
——	800	" "	△ milchig-matte Schichten
—··—	800	" "	
—·—	700	" "	——— glänzende Schichten nach BILFINGER
—··—	600	" "	--- mattglänzende Schichten nach BILFINGER

A b b i l d u n g   7

Die Härte der Cr-Schichten in Abhängigkeit von den Abscheidungsbedingungen. Badzusammensetzung: 200 g CrO_3/l; 1 % H_2SO_4
(nach EILENDER, AREND und SCHMIDTMANN (7))

Fremdelemente die Schichthärte. So bewirkt z.B. ein gewisser geringer Eisengehalt eine Härtesteigerung (5).

Die Härte der abgeschiedenen Hartchromschicht ist also von sehr vielen Einflußgrößen abhängig. Dabei ist es fraglich, ob die höchste Härte immer anzustreben ist. Besonders für Schmiedegesenke tritt sie hinter der Verschleißfestigkeit zurück. Weiter oben wurde schon festgestellt, daß Härte und Verschleißfestigkeit nicht unmittelbar zusammenhängen; hohe Härte bedeutet demnach nicht unbedingt auch gute Verschleißfestigkeit. Eine sehr harte Chromschicht kann nur dann verschleißfest sein, wenn sie gut auf dem Grundwerkstoff haftet und eine gewisse Zähigkeit besitzt. Inwieweit diese

Eigenschaften durch eine Wärmebehandlung erzielt werden können, wird im Abschnitt 2.3 behandelt.

EILENDER, AREND und SCHMIDTMANN fanden, daß Hartchromschichten mit einer VICKERS-Härte von 750 - 800 kg/mm^2 die größte Verschleißfestigkeit gegenüber mechanischem Abrieb besitzen (9). Diese Härte kann sowohl durch Wahl der Abscheidungsbedingungen (siehe Abb. 7) als auch durch Wärmebehandlung härter abgeschiedener Schichten erzielt werden. Gleichzeitig wurde ein Einfluß der Schichtdicke auf das Verschleißverhalten beobachtet.

2.22 Weitere Eigenschaften der Hartchromschichten

Die Zugfestigkeit und der E-Modul von Hartchrom wurden ebenfalls von EILENDER, AREND und SCHMIDTMANN ermittelt (1o). Der E-Modul liegt je nach Schichtdicke und vorhergehender Wärmebehandlung zwischen 13.500 und 16.000 kg/mm^2. Die Zugfestigkeit wird mit 15 kg/mm^2 angegeben. Des weiteren zeichnet sich die Hartchromschicht durch geringen Reibungswiderstand, geringe Benetzbarkeit (5) und gute Korrosionsbeständigkeit (11) aus. Die Wärmeleitfähigkeit beträgt $0,65 \frac{cal}{cm \cdot sec \cdot grd}$ (5); der lineare Wärmeausdehnungskoeffizient liegt für den Temperaturbereich von 0° bis 500°C zwischen 6,6 und $9,6 \cdot 10^{-6}$ 1/°C (nach GEBAUER (12)). Hartchromschichten sind bis etwa 500°C anlaufbeständig (5).

2.3 Wärmebehandlung der Hartchromschicht

Wie fast jedes Metall erfährt auch Hartchrom durch eine Wärmebehandlung eine Änderung seiner Eigenschaften. Nach Untersuchungen von EILENDER, AREND und SCHMIDTMANN (13) nimmt die Härte mit zunehmender "Glüh"-Temperatur ab, wobei im Gebiet von 1oo° bis 2oo°C ein Steilabfall eintritt. Oberhalb von 250°C bis zur Rekristallisationstemperatur zwischen 500° und 600°C ist keine wesentliche Wärmeeinwirkung mehr festzustellen. In der genannten Arbeit ist ferner der Einfluß der Schichtdicke und der Behandlungzeit untersucht. Abbildung 8 zeigt für die Schichtdicke 0,050 mm den Einfluß von Temperatur und Zeit.

Außer der Härteminderung wird durch die Wärmebehandlung eine höhere Haftfestigkeit der Hartchromschicht auf dem Grundwerkstoff und eine Steigerung der Wechselfestigkeit erzielt, wie WELLINGER und KEIL (14) bei Zug- und Wechselbiegeversuchen mit hartverchromten Stählen und Leichtmetallegierungen feststellten[4].

---

4. Fußnote siehe Seite 14

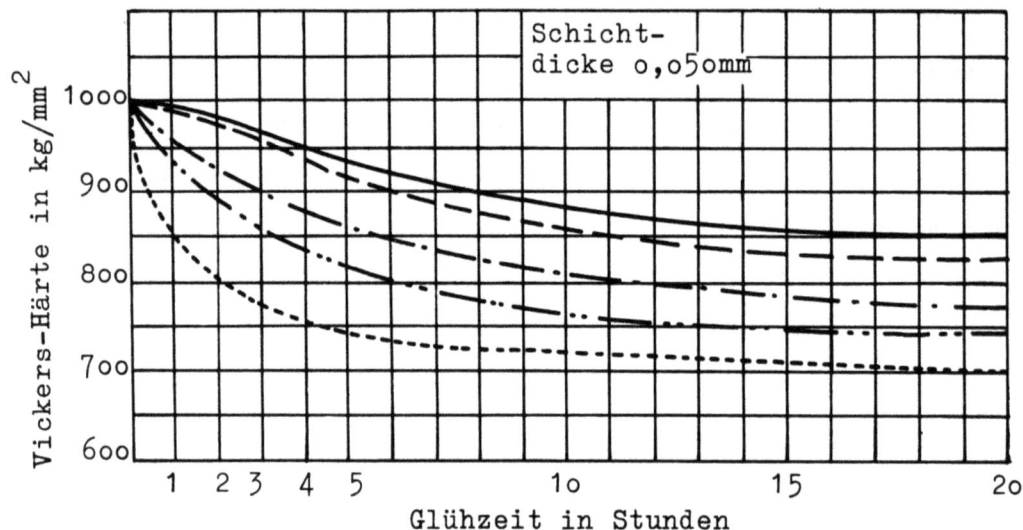

——— bei 100°C geglüht; — — —bei 120°C geglüht; —·—·—bei 150°C geglüht;
———···——bei 180°C geglüht; ------bei 250°C geglüht

Abbildung 8

Einfluß der Glühtemperatur und -zeit auf die Härte einer 0,050 mm dicken Hartchromschicht (nach EILENDER, AREND und SCHMIDTMANN (13))

Weiter gelingt es, durch Wärmeeinwirkung einen Teil des in der Hartchromschicht enthaltenen Wasserstoffs auszutreiben (13). Die Wasserstoffabgabe steigt mit zunehmender Temperatur und Zeit. Sie ist bei Temperaturen zwischen 100° und 250°C sowie in den ersten Stunden am stärksten. Da Wasserstoff die Hartchromschicht spröde macht, wird durch eine Wärmenachbehandlung diese "Wasserstoffsprödigkeit" beseitigt (15); hierbei tritt ein gewisser Härteabfall ein.

Hartchromschichten, die im Betrieb einer Wärmebeanspruchung ausgesetzt sind, sind zweckmäßig entweder kurzzeitig mit höherer Temperatur oder langzeitig mit Betriebstemperatur entsprechend Abbildung 8 zu behandeln. Damit kann einem unerwünschten Weichwerden im Betrieb vorgebeugt werden.

2.4 Einfluß des Grundwerkstoffes, insbesondere seiner Oberflächengüte

Um eine gute Haftung der Hartchromschicht auf dem Grundwerkstoff zu erhalten, sind an diesen hinsichtlich seiner Gefügeausbildung, seiner Reinheit sowie seines Gehaltes an Kohlenstoff bestimmte Anforderungen zu stellen.

---

4. Bei <u>niedrigen</u> Glühtemperaturen tritt nach H. WIEGAND und R. SCHEINOST eine Verschlechterung der Schwingungsfestigkeit auf (VDI-Zeitschrift 83 (1939) S. 655/59)

Forschungsberichte des Wirtschafts- und Verkehrsministeriums Nordrhein-Westfalen

Günstig ist ein feinkörniges, gleichmäßiges Gefüge ohne Einschlüsse oder Seigerungen. Beim Vergüten darf weder Weichfleckigkeit noch Härterißbildung eintreten, da derartige Fehlerstellen entweder überhaupt keinen Chromniederschlag annehmen oder aber die Chromschicht bei Beanspruchung versagt. Der Kohlenstoffgehalt soll nicht zu hoch liegen und darf nicht in Form von Graphitnestern ausgeschieden sein. Soweit bisher bekannt ist, wirken sich geringe Legierungszusätze nicht nachteilig auf die Eigenschaften der Hartchromschicht aus. Der Grundwerkstoff muß so vergütet werden, daß seine Streckgrenze entsprechend hoch liegt, um die auftretenden Kräfte ohne bleibende Verformung aufnehmen zu können. Eine sonst wegen besserer Verschleißfestigkeit gewählte höhere Härte erübrigt sich beim Hartverchromen, so daß im allgemeinen eine um 50 - 70 kg/mm^2 geringere Vickershärte ausreicht, entsprechend etwa 4 - 5 Rockwell-C-Einheiten. Je nach Gesenkgröße werden also Blockhärten zwischen etwa H_{Rc} = 38 und 48 zu wählen sein, höhere Härten dabei für kleinere Gesenke.

Auch die Bearbeitungsart und Rauhtiefe der Oberfläche beeinflußt die Güte der Hartchromschicht. Nach AREND und DETTMER (5) ist eine elektropolierte Fläche - ein Verfahren, das sich auch für Gesenke gut eignet - die beste Grundlage für die Hartchromschicht. Es lassen sich aber auch feingeschmirgelte und feingeschliffene Oberflächen geringer Rauheit ausgezeichnet hartverchromen. Inwieweit auch andere Feinbearbeitungsverfahren eine geeignete Grundlage bieten, bleibt noch zu untersuchen.

3. Eigene Versuche

3.1 Zweck und Planung

Im vorhergehenden Abschnitt wurden die wichtigsten Einflüsse auf die Eigenschaften der Hartchromschicht besprochen. Der Zweck der eigenen Versuche ist, zu prüfen, ob deren günstige Eigenschaften auch für Schmiedegesenke zutreffen; insbesondere, ob der Verschleiß durch Hartverchromung wirksam bekämpft und somit eine wesentlich höhere Standmenge erreicht werden kann. Im einzelnen sollen neben zweckmäßigen Abscheidungsbedingungen die günstigste Schichtdicke und die richtige Wärmebehandlung untersucht sowie Richtlinien für den Gesenkbau hinsichtlich wirtschaftlicher Anwendung der Hartverchromung und geeigneter Gesenkwerkstoffe und schließlich Anleitungen für das Schmieden selbst gegeben werden.

Es ist nicht Aufgabe dieser Arbeit, über den aufgezeigten Rahmen hinaus

Forschungsberichte des Wirtschafts- und Verkehrsministeriums Nordrhein-Westfalen

die Eigenschaften von Hartchrom und die Vorgänge bei der Abscheidung und Wärmebehandlung näher zu untersuchen. Dies muß anderen, physikalisch-chemisch ausgerichteten Arbeiten vorbehalten bleiben, in deren Rahmen auch die Frage nach der Ursache der großen Härte zu klären wäre.

3.12 Versuchsplan

Die Untersuchungen wurden nach folgendem Versuchsplan durchgeführt:

Versuchsreihe	Bezeichnung der Gesenke bzw. Probekörper	Umformmaschine
1. Grundlegende Versuche mit ebenen Stauchbahnen		
1.1 Schmiedeversuche, Dicke der Hartchromschicht: $s_1 = 10\,\mu$ $s_2 = 20\,\mu$ $s_3 = 50\,\mu$ $s_0 =$ unverchromt (Schichthärte HV = 700 kg/mm^2)	H - 1; P - 1 H - 2; P - 2 H - 5; P - 5 H - 0; P - 0	Fallhammer (H) und Spindelschlagpresse (P) "Weingarten"
1.2 Untersuchung der Schichthärte HV:		
1.21 Vorversuche an Probezylindern, die zur Erzielung abweichender Schichthärten bei verschiedenen Abscheidungsbedingungen hartverchromt wurden.	Z - 1; Z - 2 Z - 3; Z - 4 Z - 5	–
1.22 Schmiedeversuche, günstigste Schichtdicke (nach 11), Schichthärte: $HV' > HV$ $HV'' < HV$	P - 5/1 P - 5/2	Spindelschlagpresse (P) "Weingarten"
1.3 Versuche zur Rißbildung im Obergesenk	A_P - b A_P - a	Exzenterpresse Spindelschlagpresse
2. Versuche mit einem einfachen Hohlformgesenk verschiedener Tiefe	G 12/1 G 12/2 G 12/3	Spindelschlagpresse
3. Versuche mit Radiatorenstopfengesenk	G 7 - 1 G 9 - 1	Spindelschlagpresse
4. Betriebsversuche in einer Gesenkschmiede 4.1 Gesenk für 2 Endstücke 4.2 Gesenk für Kupplungshebel 4.3 Gesenk für Schaltgabel		Fallhammer Fallhammer Fallhammer
5. Untersuchung des Einflusses einer vorgeschalteten Feinbearbeitung 5.1 Druckstrahlläppen 5.11 an einem Probekörper 5.12 an einem Radiatorenstopfengesenk	Pds G 8 - 2	– Spindelschlagpresse
6. Bestimmung des Gleitwiderstandes für hartverchromte und unverchromte Stauchflächen (Kegelstauchversuch nach SIEBEL)	K 1 (tgα = 1) K 2 (tgα = 0,75) K 3 (tgα = 0,5) K 4 (tgα = 0,3)	Spindelschlagpresse

Forschungsberichte des Wirtschafts- und Verkehrsministeriums Nordrhein-Westfalen

Der Einsatz von Fallhammer und Spindelschlagpresse für die Versuchsreihe 11 erfolgte, weil in früheren Versuchen (1) ein Einfluß der Umformmaschine auf den Gesenkverschleiß festgestellt worden war. Soweit die weiteren Versuche im Versuchsfeld der Forschungsstelle Gesenkschmieden durchgeführt wurden, konnten sie zwecks Zeit- und Werkstoffersparnis auf die Spindelschlagpresse beschränkt werden, da hier der Verschleiß wesentlich größer ist als beim Hammer und somit Ergebnisse schneller zu erhalten sind.

Ein gesonderter Versuchsplan wurde in Zusammenarbeit mit der Hartverchromungsanstalt für die Vorversuche zur Erzielung abweichender Schichthärten durch Veränderung der Badbedingungen (Versuchsreihe 1.21) aufgestellt. Er ist zusammen mit den Ergebnissen in Abschnitt 4, Tabelle 3, wiedergegeben.

3.2 Versuchsdurchführung

Um das Verschleißvolumen einfach und sicher messen zu können, wurden die grundlegenden Versuche zu Punkt 1 des Versuchsplanes mit ebenen, runden Staucheinsätzen in Ober- und Untergesenk durchgeführt. Die Oberfläche war feingeschliffen, wobei die Rauhtiefe zwischen 0,5 und 3 μ lag. Alle Gesenkeinsätze der Versuchsreihe 1.1 wurden bei folgenden Badbedingungen hartverchromt:

Chromsäurekonzentration	250 g CrO_3/l
Gehalt an Fremdsäure und Art	1,3 % H_2SO_4
Stromdichte	58 - 67 A/dm^2
Badtemperatur	50 $^\circ$C

Dauer und Temperatur der anschließenden Wärmebehandlung wurden der Schichtdicke entsprechend aus Schaubildern gemäß Abbildung 8 (13) entnommen. Die Behandlungszeit betrug 16 bzw. 20 Stunden bei 150°C für 10 μ bzw. 20 μ Schichtdicke und 24 Stunden bei 190°C für 40 μ bis 50 μ. Die erzielten Härtewerte streuen sehr; als Mittelwert kann etwa HV = 740 kg/mm^2 angegeben werden. Gestaucht wurden 32 mm lange Stangenabschnitte mit d_o = 26 mm $\varnothing$ aus St.60, die auf 1050°C induktiv erwärmt waren. Der Stauchgrad betrug ε_h = 0,70 ($\varepsilon_h = \frac{h_o - h_1}{h_o}$).

Vor der Durchführung der nächsten grundlegenden Versuchsreihe a), bei welcher der Einfluß der Schichthärte untersucht wurde, mußten geeignete Badbedingungen, die andere Härtewerte ergeben sollten, an zylindrischen Probekörpern (d = 30 mm $\varnothing$) aus gleichem Gesenkstahl[5] erprobt werden. Während

---
5. Fußnote siehe Seite 18

Forschungsberichte des Wirtschafts- und Verkehrsministeriums Nordrhein-Westfalen

nämlich eine geringere Härte gegenüber der ersten Versuchsreihe durch Wärmen bei höherer Temperatur erreichbar ist, kann eine höhere Härte nur durch Veränderung der Abscheidungsbedingungen erzielt werden. Da Schmiedegesenke immer durch Wärme beansprucht sind, ist es erforderlich, vor dem Schmieden eine Wärmebehandlung mit mindestens der mittleren Betriebstemperatur vorzunehmen. Nach den Ergebnissen des Vorversuches wurden dann die Stauchversuche mit härterer und weicherer Hartchromschicht durchgeführt (Versuchsreihe 1.22).

Bei der Versuchsreihe 1.1 wurden je Gesenk 1000 Stauchungen vorgenommen. Da bei den Gesenken mit $s = 50\mu$ nach 1000 Stauchungen noch keinerlei Verschleißerscheinungen zu erkennen waren, wurde der Versuch bis 2250 Stauchungen fortgeführt. Diese Zahl wurde auch für die Reihe 1.22 gewählt.

Um eine besonders bei Versuchsreihe 1.1 aufgetretene Rißbildung im Obergesenk näher zu untersuchen, wurde bei einem Versuch der Reihe 1.3 der Preßdruck soweit durch Federn aufgenommen, daß die Blöckchen fast nicht umgeformt wurden. Das Gesenk war also außer dem Anpreßdruck nur einer Wärmewechselbeanspruchung ausgesetzt. In einem zweiten Versuch wurde mit vollem Druck gearbeitet, dafür aber das Temperaturgefälle zwischen Schmiedegut und Gesenk durch kräftiges Gesenkanwärmen auf etwa $300°C$ verkleinert.

Die folgenden Versuchsreihen 2 bis 6 wurden mit der nunmehr ermittelten günstigsten Schichtdicke und Schichthärte vorgenommen. Die Versuchsreihe 2 wurde mit einem einfachen Hohlformgesenk (Doppelkegel mit Flansch, Abb. 9)[6] durchgeführt. Die vorgesehenen Tiefen verhielten sich wie 1 : 2 : 3. Da bei dem zuerst durchgeführten Versuch mit der größten Tiefe (29 mm) keine negativen Erscheinungen (Rißbildung oder Abplatzen) auf dem einer Schub- und Zugbeanspruchung unterworfenen Kegelmantel beobachtet wurden, konnte auf die Versuche mit geringerer Tiefe verzichtet werden.

Die Versuchsreihe 3 wurde mit einem Radiatorenstopfengesenk (Abb. 10)[7] durchgeführt, wie es für frühere Verschleißuntersuchungen der Forschungsstelle Gesenkschmieden schon mehrfach verwendet wurde (1). Es ist somit ein unmittelbarer Vergleich mit den damals erzielten Ergebnissen möglich.

---

5. Für alle Gesenkeinsätze zu den grundlegenden Versuchen (Punkt 1 des Versuchsplanes) wurde AMS der Deutschen Edelstahl-Werke verwendet. Werkstoff-Nr. 2713, 55 Ni Cr Mo V 6
6. Gesenkwerkstoff: AMS
7. Werkstoff: AMS-Extra der Deutschen Edelstahl-Werke, 56 Ni Cr Mo V 7, Werkstoff-Nr. 2714

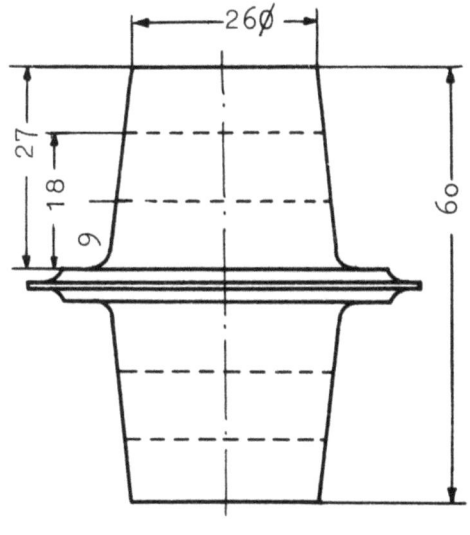

Abbildung 9
Doppelkegel mit Flansch

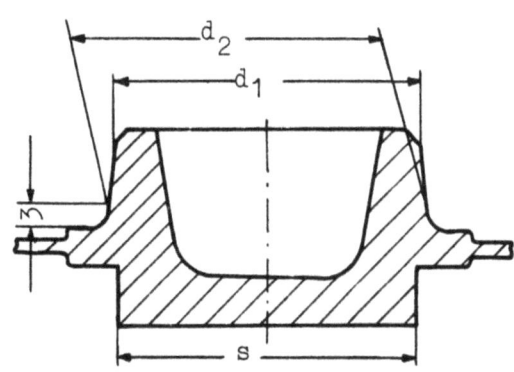

Abbildung 10
Radiatorenstopfen

Auf Grund der nunmehr vorliegenden Ergebnisse konnte die 4. Versuchsreihe unter normalen Betriebsbedingungen in einer Gesenkschmiede[8] durchgeführt werden. Hierfür wurden 3 verschiedenartige Gesenke ausgewählt:

1) mit flacher Gravur - 2 Endstücke (Abb. 11)[9]
2) mit etwas tieferer Gravur - Kupplungshebel (Abb. 12)[9]
3) mit mehrfach gekröpfter Gratfläche - Schaltgabel (Abb. 13)[10]

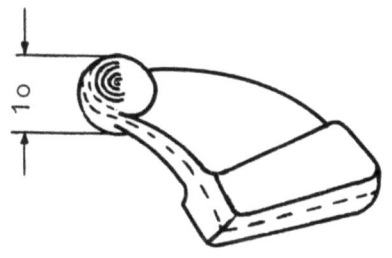

Abbildung 11
Endstück

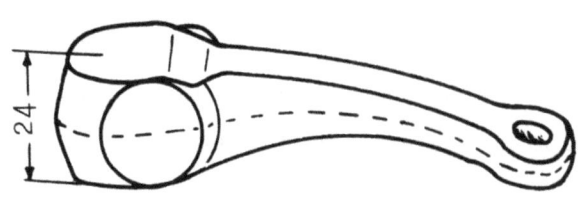

Abbildung 12
Kupplungshebel

Bei der Hartverchromung der Gesenke für Versuchsreihe 4 (Betriebsversuche) zeigte es sich, daß die nach dem Vergüten ausgeputzte Gravurfläche wegen

---

8. Fa. Heinr. Jung & Sohn, Halver i.W.
9. Werkstoff: SRS-Extra von Märker, 56 Ni Cr Mo V 7, Werkst.-Nr. 2714
10. Werkstoff: WAGT-Extra von Märker, 40 Cr Mn Mo 7, Werkst.-Nr. 2311

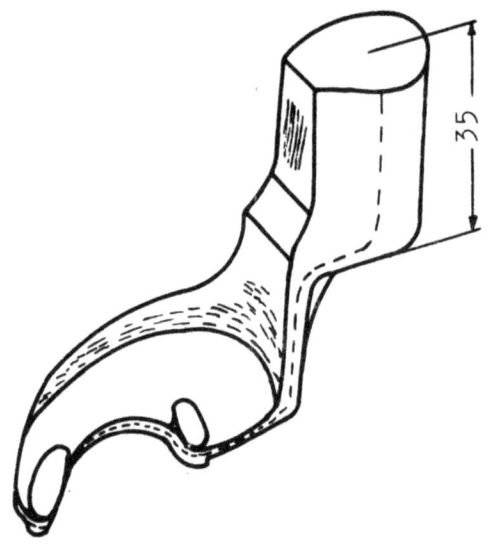

Abbildung 13
Schaltgabel

Abbildung 14
Gesenkoberfläche, nach dem Vergüten
in der üblichen Weise ausgeputzt;
V = 75:1

der tiefen Riefen und Kratzer, in denen teilweise noch Härtezunder haftet (Abb. 14), keine geeignete Grundlage für die Hartchromschicht bildet. Um das teure und zeitraubende Feinschmirgeln von Hand durch wirtschaftlichere Verfahren, die außerdem durch eine gleichmäßige, geringe Abtragung die Gravur maßlich kaum verändern, zu ersetzen, wurde in Versuchsreihe 5 ein Gesenk nach dem Vergüten druckstrahlgeläppt und dann hartverchromt. Als Versuchswerkzeug diente wiederum das Radiatorenstopfengesenk. In Versuchsreihe 6 wurden mit Hilfe des Kegelstauchversuches von SIEBEL (16) die Reibungsbeiwerte μ für hartverchromte und unverchromte feingeschmirgelte Oberflächen ermittelt, wobei das Schmiedegut aus St.37 im Elektroofen auf 1050°C erwärmt worden war.

3.3 Meßverfahren

Nach Abschnitt 2.2 ist für Hartchromschichten nur die Härteprüfung nach VICKERS anwendbar, da sie mit entsprechend kleinen Prüflasten arbeitet. Für die Messungen wurde dementsprechend der Kleinhärteprüfer "Durimet"[11] mit 300 g bzw. 100 g Prüflast verwendet, für den Grundwerkstoff der VICKERS-Härteprüfer "Brivisor"[12] mit einer Last von 5 kg.

Die Feingestalt der Gesenkoberfläche wurde, soweit die Hohlform es zuließ,

---

11. Hersteller: Ernst Leitz, Wetzlar
12. Hersteller: Georg Reicherter, Eßlingen/Neckar

im Profilausschnitt teils mit dem Gerät von Forster-Leitz[13], teils mit dem Talysurfgerät[14] aufgenommen. Flächenausschnitte wurden durch Mikroaufnahmen[15] gewonnen.

Die Dicke der Hartchromschicht wurde mit dem Leptoskop[16] ermittelt. Die Durchmesser der zylindrischen Probekörper der Versuchsreihe 1.21 wurden außerdem vor und nach dem Hartverchromen mit dem Optimeter[17] gemessen, womit eine Genauigkeitskontrolle des Leptoskopes möglich war.

Die Gestalt der ebenen Staucheinsätze, wie sie für die grundlegenden Versuche verwendet wurden, wurde einerseits durch die Hartverchromung und andererseits durch das Schmieden verändert. Diese Veränderungen wurden mit einem Feintaster "Kleinmillimeß"[18] in der Weise gemessen, daß die Oberfläche nach dem in Abbildung 15 gezeigten Schema in Richtung 1-2 sowie 3-4 von Ringzone zu Ringzone abgetastet wurde.

Bei den Radiatorenstopfengesenken (Versuchsreihe 3 und 5) wurde die Gesenkmaßänderung Δd_2 (Abb. 1o) mit Hilfe von Bleiabdrücken unter einem Profilprojektor[19] ermittelt, wobei

$$\Delta d_2 = d_{2_z} - d_{2_o} \quad \text{ist}\ [20].$$

Auch bei den Betriebsversuchen konnte in der gleichen Weise für das Endstückgesenk eine Maßänderung festgestellt werden (vgl. Abb. 16):

$$\Delta d = d_z - d_o \quad \text{und} \quad \Delta c = c_z - c_o.$$

---

13. Hersteller: Ernst Leitz, Wetzlar
14. Hersteller: Taylor, Taylor & Hobson Ltd., Leicester (England)
15. Mikroskop von Winkel-Zeiß, Göttingen, in Verbindung mit der Leica
16. System Becker, hergestellt von der Firma Deutsch, Wuppertal. Leider stand nur das Modell III mit einem Meßbereich von 0 - 4 mm zur Verfügung. Für die verwendeten Schichtdicken wäre die Type I, Meßbereich 0 - 0,2 mm, zweckmäßiger gewesen
17. Hersteller: Carl Zeiss, Jena
18. Hergestellt von der Firma Carl Mahr, Eßlingen a.N.
    (1 Teilstrich = 1 μ)
19. Hersteller: Henri Hauser SA, Bienne (Schweiz)
20. Bedeutung der Indices:
    z = nach z Schmiedestücken
    o = vor dem Schmieden

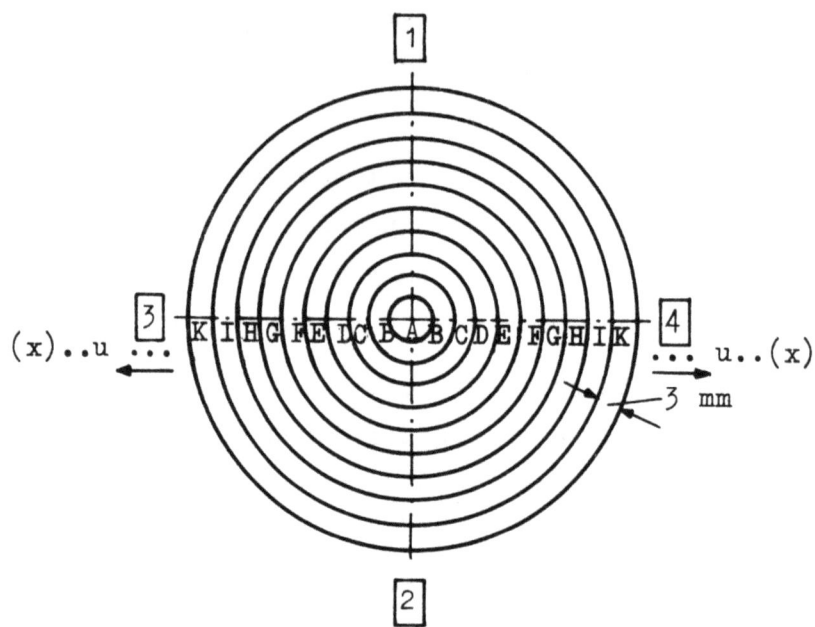

Abbildung 15

Meßschema zur Ermittlung der Oberflächengestalt
der "ebenen" Staucheinsätze

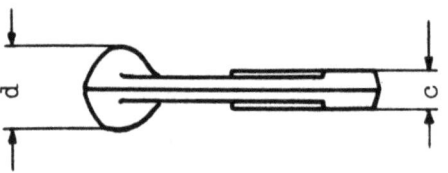

Abbildung 16

Meßstellen am Endstück (Bleiabdruck)

Für die beiden anderen Versuche (4.2 - Kupplungshebel - und 4.3 - Schaltgabel) war es nicht möglich, eine geeignete Meßstelle am Stück festzulegen. Das Gesenkerliegen mußte also ausschließlich nach dem Aussehen (Gratverschleiß, Rißbildung) beurteilt werden.

4. Ergebnisse

4.1 Auswertung

Bei den grundlegenden Versuchen mit ebenen Staucheinsätzen wurde aus den bei der Oberflächenvermessung für jede Ringzone gemessenen 4 Werten (1-0; 0-2; 3-0; 0-4) ein Mittelwert gebildet, um Meßfehler infolge Neigung der Oberfläche gegen die Meßebene weitgehend auszuschalten. Aus den Mittelwerten läßt sich das Profil der Gesenkoberfläche darstellen (Abb. 17).

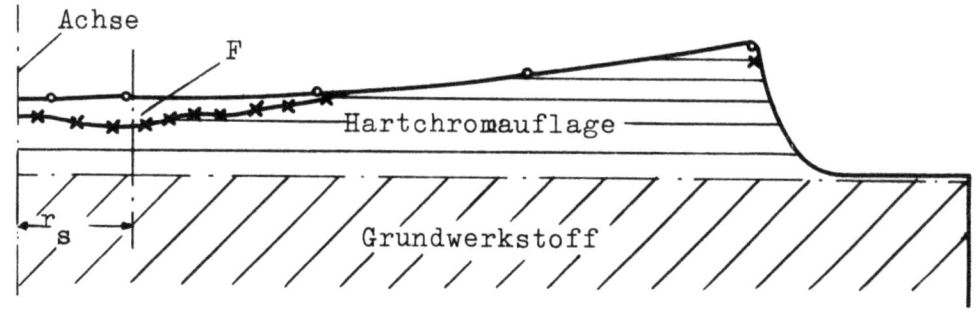

Abbildung 17

Profilbild des halben Stauchgesenkes (schematisch)

Wegen der rotationssymmetrischen Beanspruchung gibt diese Art der Darstellung die wirklichen Verhältnisse gut wieder. Zur Überprüfung der Genauigkeit dieses Verfahrens wurde ein Profilbild des Gesenkeinsatzes A_p - a vom Zentrum nach außen (bis zur Ringzone K) mit dem Forster-Leitz-Gerät abgetastet. In Tabelle 1 sind die Mittelwerte der oben beschriebenen Meßmethode den Ergebnissen des Forster-Leitz-Streifens unter Angabe der jeweiligen Rauhtiefe gegenübergestellt.

Tabelle 1

Vergleich zwischen den Mittelwerten der Feintastermessung und einer Abtastung mit dem Forster-Leitz-Gerät

Ringzone	A	B	C	D	E	F	G	H	I	K
Mittelwerte der Feintastermessung	0	-0,5	-2	-2,5	-1,5	+1,5	+4,5	+7	-	+ 11 μ
Meßwert aus d.Abtastung m.Forster-Leitz-Gerät	0	-2	-3	-3,5	0	+3	+6	+8,5	+10,5	+ 12 μ
Überlagerte Rauhtiefe R	1	1,5	1,8	2	2,5 (4)[21]	1,5	1,2	0,8-1	0,5	0,5 μ (1)[21]

Man erkennt, daß die Abweichung im allgemeinen in den durch die überlagerte Rauheit bedingten Grenzen liegt (Fehler infolge Rauheit f_R). Ein weiterer Fehler kann noch dadurch entstehen, daß die Tasterablesung nicht genau in der Mitte der Ringzone vorgenommen wurde (Abb. 18, Lagefehler f_L). Hinzu

---

21. Ausreißer

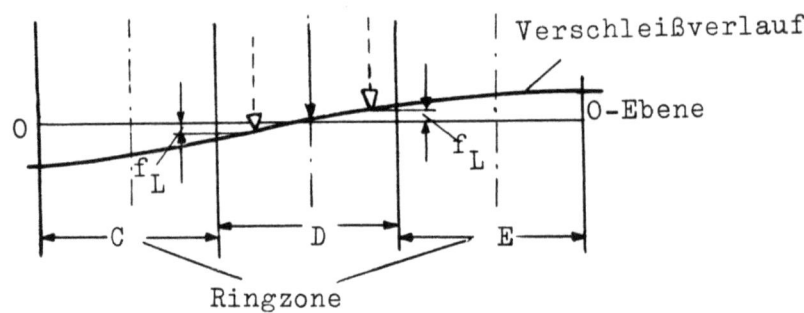

Abbildung 18

Fehler infolge Messung außerhalb der Zonenmitte (Lagefehler f_L)

kommt noch ein möglicher Ablesefehler f_0 der Feintasteranzeige. Diese zusätzlichen Fehler betragen in Tabelle 1 höchstens 7 % der Rauhtiefe R, theoretisch könnten sie bis zu 20 % von R ansteigen. Es ist jedoch unwahrscheinlich, daß bei der sorgsamen Durchführung der Messungen bei den anderen ausgewerteten Staucheinsätzen die obere Fehlergrenze erreicht wurde.

4.2 Verschleißvolumen ebener Staucheinsätze

Aus dem Profilbild der ebenen Staucheinsätze vor und nach dem Abschmieden (Abb. 17) ergibt sich die Verschleißraumschnittfläche F, die durch Planimetrieren ermittelt wurde. Das Verschleißvolumen erhält man durch eine weitere Integration:

$$V = \int_0^{2\pi} F \cdot dr_s = 2\pi \cdot F \cdot r_s$$

(r_s = Schwerpunktradius der Fläche F)

Der wahrscheinliche Fehler dieses Verfahrens läßt sich nur abschätzen. Er dürfte höchstens 25 % betragen und zwar bei geringem Verschleißvolumen, wo die oben aufgezählten Fehler, insbesondere ein Ablesefehler, sich relativ stärker auswirken. Bei dem angeführten Vergleich (Gesenk A_p - a) differieren die Verschleißvolumina um etwa 14 %. Die Tendenz der Ergebnisse wird jedoch durch diese Unsicherheit nicht beeinflußt.

4.21 Einfluß der Schichtdicke auf das Verschleißvolumen

In Abbildung 19 sind die Profilbilder der mit verschiedener Schichtdicke hartverchromten Pressenobergesenke im Ausgangszustand und nach 1000 Stauchungen wiedergegeben. Man erkennt den in Abschnitt 2.1 beschriebenen Randeffekt, d.h. die Hartchromauflage wird zum Rande hin wesentlich dicker (der 15 mm breite Außenring blieb aus meßtechnischen Gründen unverchromt).

Forschungsberichte des Wirtschafts- und Verkehrsministeriums Nordrhein-Westfalen

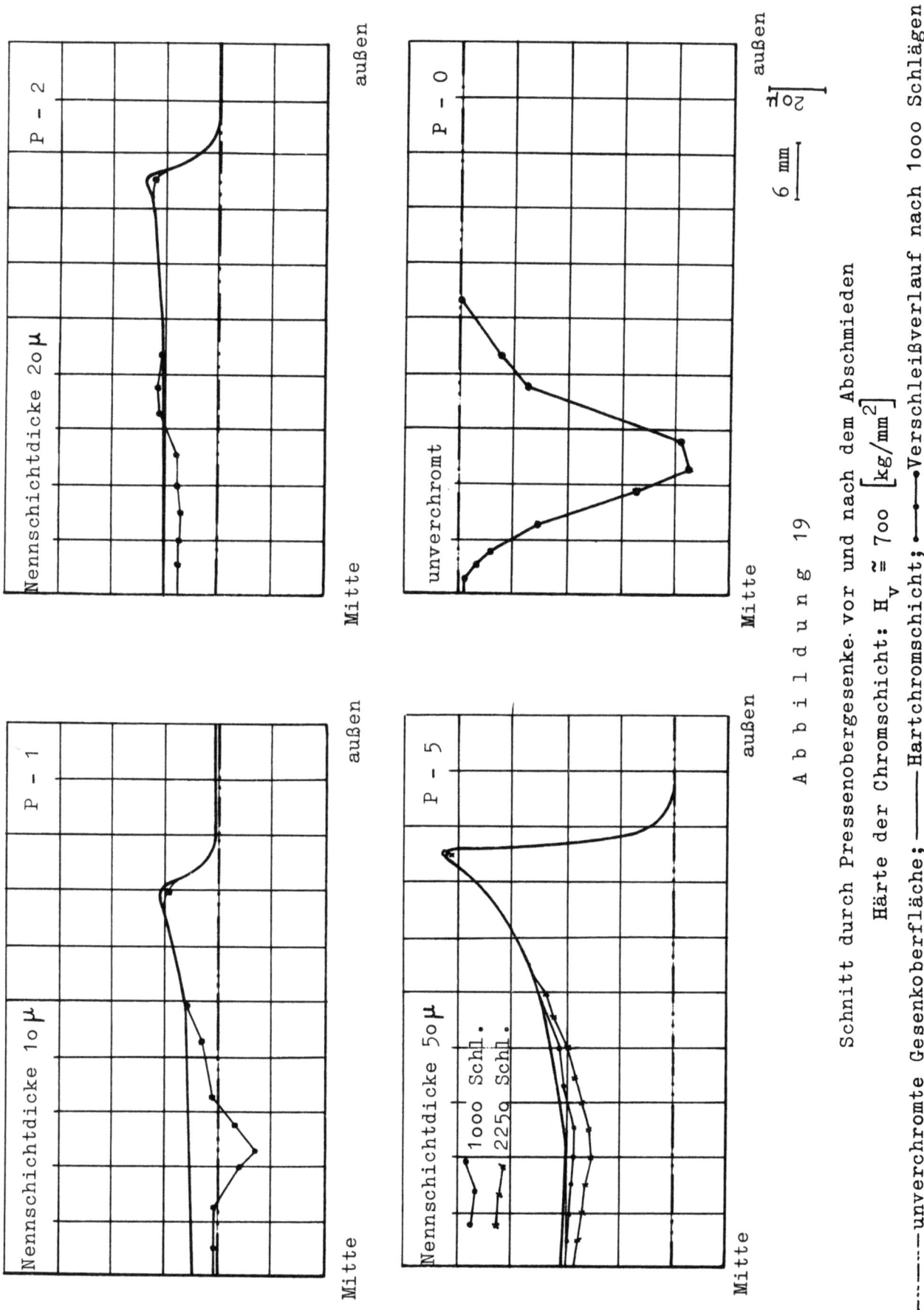

Abbildung 19

Schnitt durch Pressenobergesenke vor und nach dem Abschmieden
Härte der Chromschicht: $H_v \approx 700 \ [kg/mm^2]$
———— Hartchromschicht; ———•—— Verschleißverlauf nach 1000 Schlägen
—·—·— unverchromte Gesenkoberfläche;

Forschungsberichte des Wirtschafts- und Verkehrsministeriums Nordrhein-Westfalen

Tabelle 2
Verschleißvolumen und Härte hartverchromter, ebener Stauchgesenke nach 1000 Stauchungen (Versuchsreihe 1.1)

Gesenk-bezeichnung	Härte HV $[kg/mm^2]$				Gemessene Schicht-dicke s_o $[\mu]$	Ver-schleiß-volumen V $[mm^3]$
	nach dem Hartver-chromen HV_o	nach der Wärmebe-handlung HV_1	nach dem Ab-schmieden HV_2	Härteabf. durch Schmieden $\Delta HV = \frac{HV_1 - HV_2}{HV_o}$ [%]		
Hammergesenke						
Oben: H - 0	-	(519)[22]	398	(23)	ohne Cr	30
H - 1	803	716	503	27	6	15
H - 2	914	729	622	12	16	5
H - 5	953	752	- 635[23]	- 12[23]	40	(2)[24] 4[23]
Unten: H - 0	-	(504)[22]	412	(18)	ohne Cr	51
H - 1	854	713	498	25	8	25
H - 2	926	752	651	11	18	6
H - 5	941	762	- 633[23]	- 14[23]	32	(7)[24] 15[23]
Pressengesenke						
Oben: P - 0	-	(550)[22]	392	(29)	ohne Cr	106
P - 1	920	777	592	20	10	27
P - 2	955	755	696	6	19	4
P - 5	961	727	646 638[23]	8 9[23]	41	5 12[23]
Unten: P - 0	-	(516)[22]	389	(25)	ohne Cr	140
P - 1	816	680	523	19	8	124
P - 2	961	748	693	6	18	6
P - 5	919	735	656 595[23]	9 15[23]	39	9 19[23]

22. Härte des Grundwerkstoffes
23. nach 2250 Stauchungen
24. interpolierte Werte

Forschungsberichte des Wirtschafts- und Verkehrsministeriums Nordrhein-Westfalen

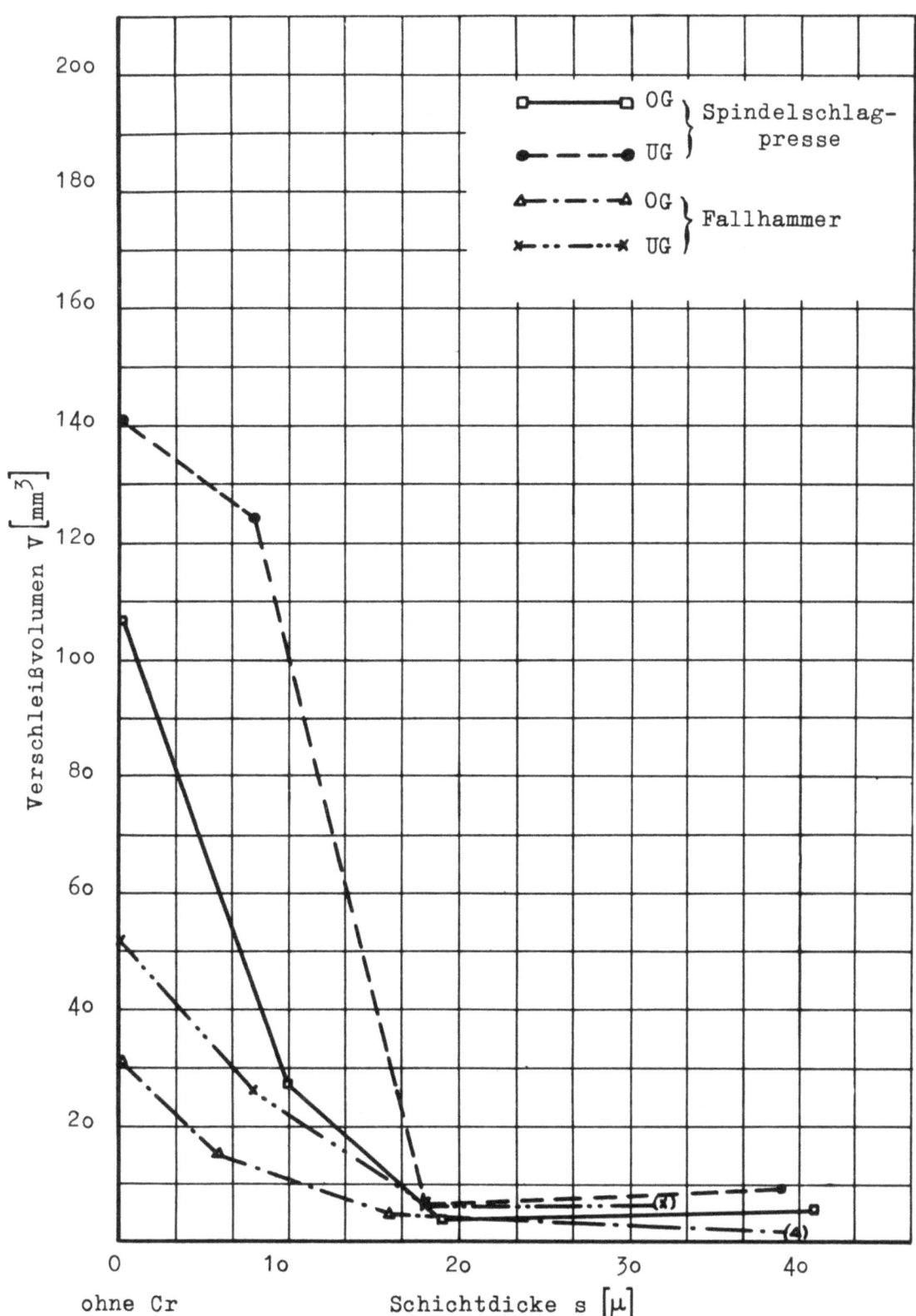

Abbildung 20

Verschleißvolumen V $[mm^3]$ von ebenen Stauchgesenken nach 1000 Stauchungen

Die Größe der Verschleißraumschnittfläche F zeigt schon, wie sehr sich die Schichtdicke auf den Verschleiß auswirkt.

Das Ergebnis der Schichtdickenuntersuchung ist in Tabelle 2 zusammengestellt.

Abbildung 2o zeigt das Verschleißvolumen in Abhängigkeit von der gemessenen Schichtdicke, getrennt für Ober- und Untergesenk, sowie für Fallhammer und Spindelschlagpresse. Daraus geht hervor, daß der Verschleiß durch eine 2o bis 4o μ dicke Hartchromschicht wesentlich verringert wird. Bei den untersuchten ebenen Stauchgesenken betrug er nur noch 6 bis 15 % gegenüber unverchromten Gesenken.

Die an dem Pressengesenkpaar P - 5 vorgenommene Ermittlung des Verschleißvolumens nach 1ooo und 225o Stauchungen ergab bei dieser nahezu reinen Breitung eine fast lineare Verschleißzunahme (Abb. 21).

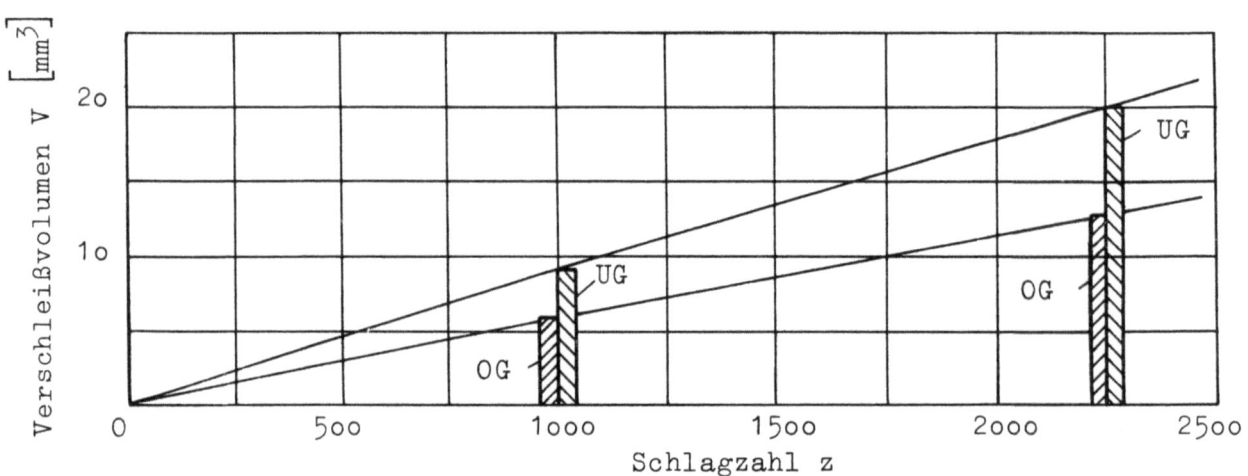

A b b i l d u n g 21

Verschleißvolumen V nach 1ooo und 225o Stauchungen
(Pressengesenke P - 5). Dicke der Chromschicht 4o μ

Der sonst allgemein beobachtete zunächst degressive Verlauf der Verschleißkurve (1) gilt für diesen Sonderfall also nicht. Das läßt sich damit erklären, daß wegen der Verteilung der Stauchkraft auf eine große ebene Fläche keine meßbare bleibende Gesenkverformung eintritt.

In Tabelle 2 sind ferner die Härtewerte nach dem Hartverchromen (Abscheidungshärte HV_o), nach der Wärmebehandlung (Zustand zu Beginn des Schmiedens) HV_1 und nach dem Abschmieden HV_2 (nach 1ooo bzw. 225o Stauchungen) angegeben. Die Härte des Grundwerkstoffes betrug nach dem Vergüten im Mittel $HV = 515$ kg/mm^2, entsprechend einer Festigkeit von etwa 175 kg/mm^2.

Durch die während des Schmiedens den Gesenken zugeführte Wärme tritt eine Anlaßwirkung ein (17). In einer weiteren Spalte der Tabelle 2 ist dieser Härteabfall, bezogen auf die Abscheidungshärte als kennzeichnendes Merkmal der Hartchromschicht, aufgeführt.

Es ist:
$$\Delta HV \ (\text{in } \%) = \frac{HV_1 - HV_2}{HV_o} \cdot 100$$

Die Zahlenwerte lassen erkennen, daß dieser Härteabfall bei der Schichtdicke $s \cong 20\,\mu$ am geringsten ist.

4.22 Einfluß der Schichthärte auf das Verschleißvolumen

Die Ergebnisse der Voruntersuchungen zur Ermittlung geeigneter Abscheidungsbedingungen sind in Tabelle 3 und Abbildung 22 zusammengestellt.

Man sieht, daß die Veränderung von Stromdichte und Badtemperatur - die übrigen Badbedingungen wurden konstant gehalten - die Abscheidungshärte, die Stromausbeute, die Rauhtiefe und das Aussehen der Oberfläche beeinflussen. Interessant sind die erzielten Rauhtiefen (Abb. 22). Die Hartchromschicht

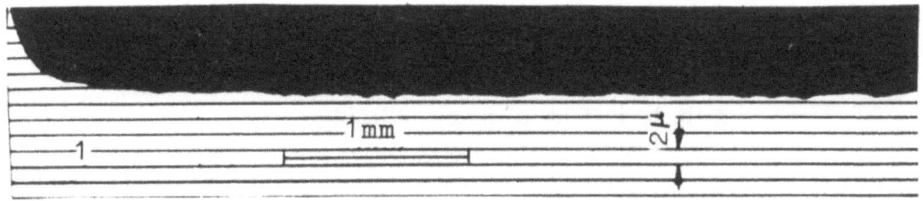

Abbildung 22a/1
Profilausschnitt

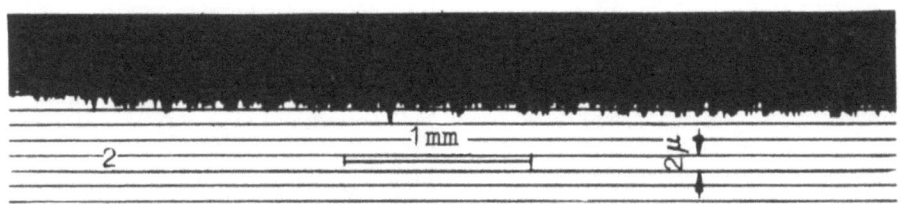

Abbildung 22a/2
Profilausschnitt
Die Oberfläche der bei verschiedenen Badbedingungen
hartverchromten Probezylinder

Forschungsberichte des Wirtschafts- und Verkehrsministeriums Nordrhein-Westfalen

A b b i l d u n g 22b/1
Flächenausschnitt

A b b i l d u n g 22b/2
Flächenausschnitt

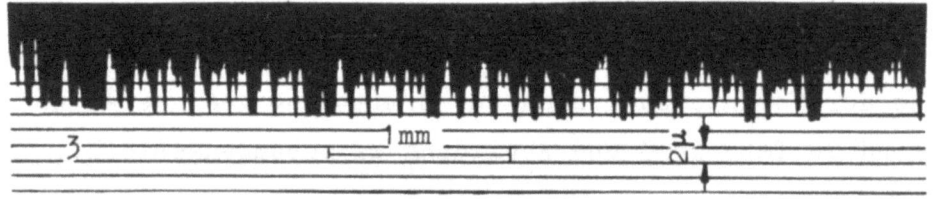
A b b i l d u n g 22a/3
Profilausschnitt

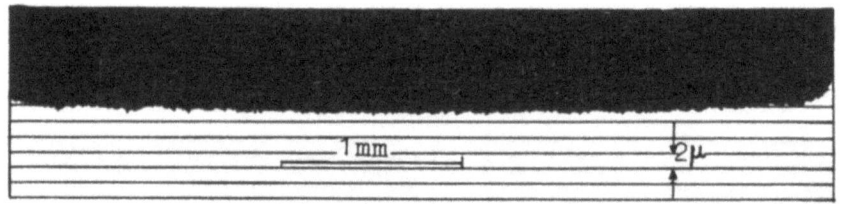
A b b i l d u n g 22a/4
Profilausschnitt

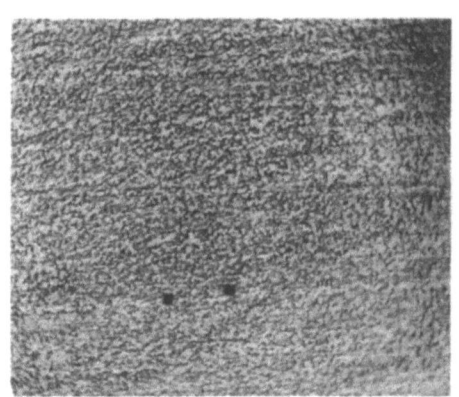
A b b i l d u n g 22b/3
Flächenausschnitt

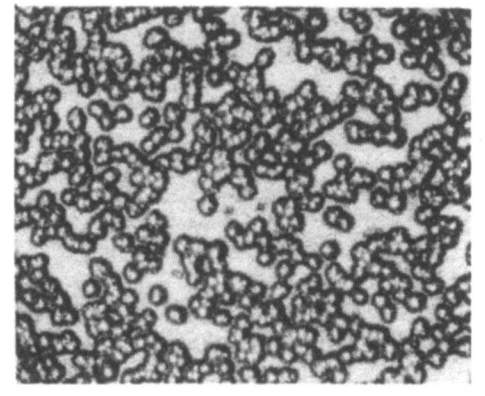
A b b i l d u n g 22b/4
Flächenausschnitt

Die Oberfläche der bei verschiedenen Badbedingungen hartverchromten Probezylinder

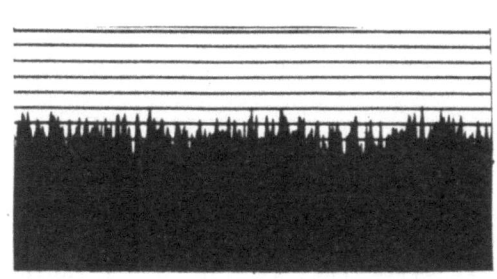 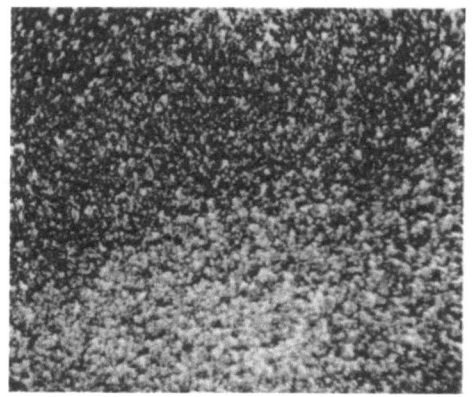

Abbildung 22a/5
Profilausschnitt

Abbildung 22b/5
Flächenausschnitt

Die Oberfläche der bei verschiedenen Badbedingungen
hartverchromten Probezylinder

ist selbst bei einer Schichtdicke von nur 7,5 μ und geeigneten Badbedingungen in der Lage, die Unebenheiten auszugleichen (R = 3 - 5 μ), vgl. Probezylinder 1 und 4. Die von EILENDER, AREND und DETTMER beobachtete Aufrauhung (18) durch das Hartverchromen wurde also nicht überall bestätigt, wobei zu beachten ist, daß bei jenen Untersuchungen wesentlich geringere Ausgangsrauhtiefen vorlagen (R = 0,2 bis 0,7 μ).

Da die Abscheidungszeit einheitlich 30 Minuten betrug, wurden entsprechend den Badbedingungen verschiedene Schichtdicken erreicht. Die im Abschnitt 3.3

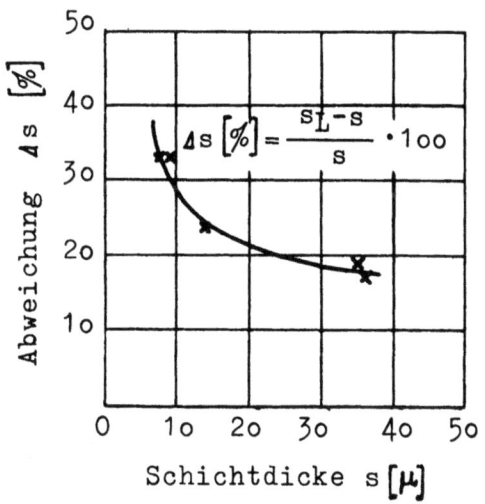

Abbildung 23
Leptoskopanzeige und Ermittlung der Schichtdicke
aus der Optimetermessung

Forschungsberichte des Wirtschafts- und Verkehrsministeriums Nordrhein-Westfalen

Tabelle 3

Ergebnisse der Voruntersuchungen an zylindrischen Probekörpern zur Erzielung anderer Abscheidungshärten sowie des Einflusses verschiedener Wärmebehandlung (Versuchsreihe 1.21)

Nr. des Probe-zylin-ders	Hartverchromung						Wärmebehandlung					
	Badbedingungen		Erzielte[25] Schichtdicke		Ab-schei-dungs-härte[26]	Aussehen der Oberfläche	Rauh-tiefe[27]	Vor-wär-men bei 100 °C	Tem-pe-ra-tur	Dau-er	Härte	Härte-abfall ΔHV_1
	Strom-dichte	Tempe-ratur	Opti-meter s	Lepto-skop s_L	HV_o		R		ϑ		HV_1	$= \frac{HV_o - HV}{HV_o}$
	[A/dm²]	[°C]	[μ]	[μ]	[kg/mm²]		[μ]	[Std.]	[°C]	[Std.]	[kg/mm²]	[%]
Z-1						hoch-glän-zend, fein-riefig		-	-	-	-	-
Z-1a	32	53	7,5	1o	780		1	1	18o	2o	7o2	1o
Z-1b								1/2	25o	3	71o	9
Z-2						matt, hell, körnig		-	-	-	-	-
Z-2a	2o	45	9	12	839		2	1	18o	2o	71o	15
Z-2b								1/2	25o	3	742	12
Z-3						matt, hell, starke Knos-pen-bildung		-	-	-	-	-
Z-3a	7o	5o	36	42	1183		6-8	1	15o	2o	965	2o
Z-3b								1/2	25o	3	9o5	26
Z-4						hoch-glän-zend, fein-körnig		-	-	-	-	-
Z-4a	5o	6o	16,5	2o,5	916		1	1	11o	2o	774	16
Z-4b								1/2	25o	1	735	2o
Z-5						matt, grau, grob-körnig		-	-	-	-	-
Z-5a	7o	41	34,5	41	1o66		4-6	1	15o	2o	9o9	15
Z-5b								1/2	25o	3	859	2o

---

25. Die Abscheidungszeit betrug einheitlich 3o Minuten
26. Härte des Grundwerkstoffes HV = 475 kg/mm²
27. Rauhtiefe vor dem Hartverchromen R = 2 - 3 (- 5) μ

genannte Überprüfung der Leptoskopanzeige ist in Abbildung 23 ausgewertet. Insbesondere bei kleinen Schichtdicken ist das verwendete Gerät[28] demnach zu ungenau.

Zur Klärung des Härteeinflusses wurden die weiteren Versuche (Reihe 1.22) mit Hartchromschichten durchgeführt, die härter (entsprechend Z-3) oder weicher (entsprechend Z-1) abgeschieden waren. Überraschenderweise zeigte das bei einer Stromdichte von 71 A/dm^2 und einer Badtemperatur von $50^\circ C$ hartverchromte ebene Stauchgesenkpaar P - 5/1 nicht die am Probezylinder Z-3 erreichte sehr hohe Härte von HV = 1183 kg/mm^2, sondern hatte nur HV = 950 kg/mm^2. Es lag damit kaum höher als die Gesenke der Versuchsreihe 1.1. Auch glänzte die Oberfläche stärker. Anstelle der am Probezylinder aufgetretenen starken groben Knospenbildung sind hier nur noch wenige feine Knospen zu sehen (Abb. 24). Dementsprechend ist auch die Rauhtiefe wesentlich kleiner. Bei der Wärmebehandlung dieser Hartchromschicht betrug der Härteverlust allerdings nur knapp 1o % gegenüber 2o - 26 % bei dem Probezylinder Z-3 (vgl. Tabelle 3).

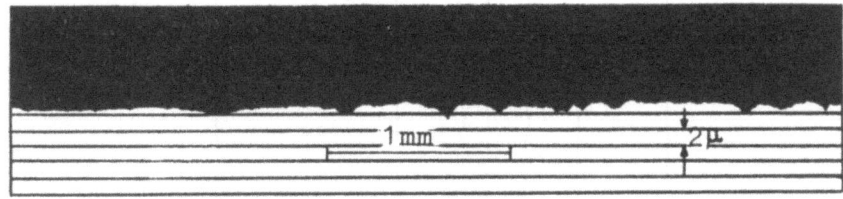

A b b i l d u n g 24a
Profilausschnitt

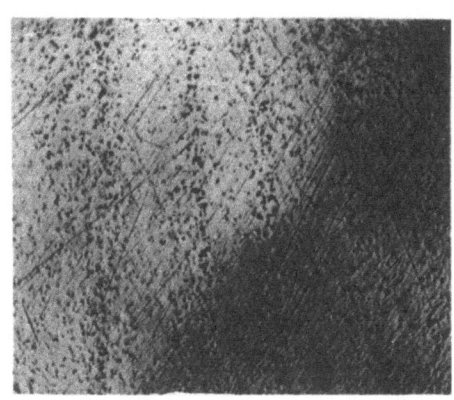

A b b i l d u n g 24a und b
Oberfläche des Stauchgesenkes P-5/1
nach dem Hartverchromen

A b b i l d u n g 24b
Flächenausschnitt

---

28. Leptoskop III ist für größere Schichtdicken ausgelegt; hier wäre das Leptoskop I am Platze gewesen

Auch die bei einer Stromdichte von 40 A/dm^2 und einer Badtemperatur von 53°C "weicher" abgeschiedene Hartchromschicht des Gesenkpaares P - 5/2 wich von der an dem Probezylinder Z-1 erzielten Härte erheblich ab; statt HV = 780 kg/mm^2 wurden HV_o = 902 bzw. 930 kg/mm^2 erreicht.

Durch die bei 225°C durchgeführte Wärmebehandlung ging die Härte um 13 - 15 % auf HV_1 = 789 bzw. 783 kg/mm^2 zurück. Bei dem Probezylinder Z-1 betrug dieser Härteverlust nur 9 - 10 %. Wodurch die zwischen Probezylindern und Stauchgesenken bestehenden Unterschiede in der Abscheidungshärte hervorgerufen wurden, konnte nicht geklärt werden.

Der Verschleiß beider Gesenkpaare P - 5/1 und P - 5/2 war geringer als bei dem Gesenkpaar P - 5 (Tabelle 4).

Übereinstimmend mit Abbildung 20 ist in Abbildung 25 das Verschleißvolumen zunächst über der Härte HV_1 zu Beginn des Schmiedens aufgetragen, nachdem die Wärmebehandlung unterscheidbare Härtebereiche ergeben hat.

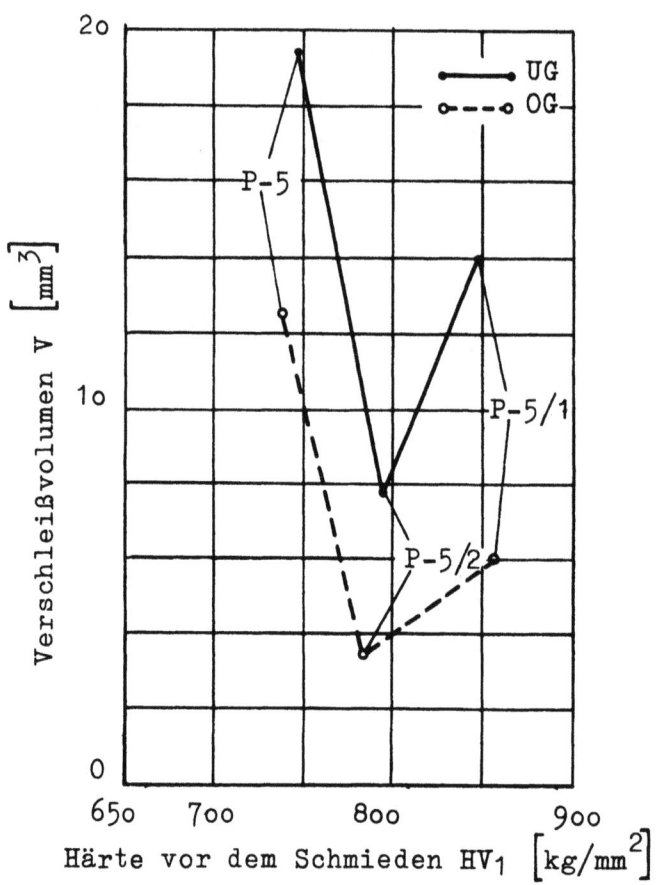

A b b i l d u n g   25

Verschleißvolumen V [mm^3] von ebenen Stauchgesenken verschiedener Ausgangshärte nach 2250 Stauchungen

Forschungsberichte des Wirtschafts- und Verkehrsministeriums Nordrhein-Westfalen

Tabelle 4
Verschleißvolumen und Härte der bei verschiedenen Stromdichten hartverchromten ebenen Stauchgesenke nach 2250 Stauchungen
(Versuchsreihe 1.22)

Gesenk-bezeich-nung	Abscheidungs-bedingungen			Härte HV $[\text{kg/mm}^2]$				gemessene Schicht-dicke	Verschleiß-volumen
	Strom-dichte	Ab-schei-dungs-zeit	Bad-tem-pera-tur	nach dem Hart-ver-chro-men	nach der Wär-mebe-hand-lung	nach dem Ab-schmie-den	Härte-abfall durch das Schmie-den ΔHV $= \frac{HV_1 - HV_2}{HV_0}$	s_0	V
	$[\text{A/dm}^2]$	t_A [min]	[°C]	HV_0	HV_1	HV_2	[%]	[µ]	$[\text{mm}^3]$
Pressengesenk									
Oben: P-5[29]	63,5	75	50	961	727	638	9	41	12
P-5/1	71	40	50	954	860	738	13	43	6
P-5/2	40	170	53	902	783	707	8,5	39	3
Unten: P-5[29]	63,5	75	50	919	735	595	15	39	19
P-5/1	71	40	50	947	856	730	13	45	14
P-5/2	40	170	53	930	789	706	9	50	8

Es zeigt sich, daß nicht die härteste Chromschicht am verschleißfestesten ist, sondern eine mittlere Schichthärte von etwa 760 bis 790 kg/mm^2 nach einer der Schichtdicke angepaßten Wärmebehandlung die günstigsten Werte ergibt.

Bei einer eingehenden Betrachtung der nunmehr vorliegenden Versuchsergebnisse erhebt sich die Frage, ob es sinnvoll ist, die Härte in gleichem Maße wie die Schichtdicke als bestimmbare und somit unabhängige Veränderliche beizubehalten und welche der einzelnen Härten dann zu wählen ist. Da die Abscheidungshärte eine Funktion der Abscheidungsbedingungen ist, von denen aber nur Stromdichte und Badtemperatur verändert wurden, sind diese die wirklich Unabhängigen. Wegen der etwa gleichen Badtemperaturen (50° und 53°C) läßt sich anstelle der Härte auch die Stromdichte als

---

29. Die an dem Gesenkpaar P-5 aus Versuchsreihe 1.1 gemessenen Werte wurden zum Vergleich mit aufgenommen

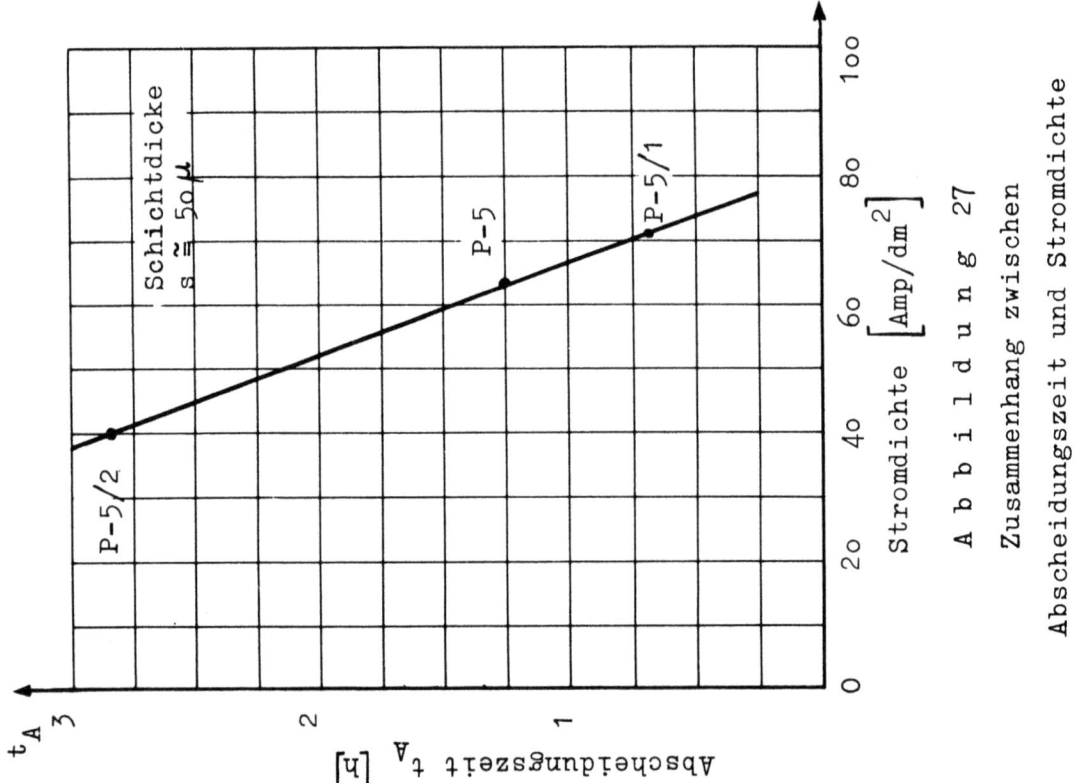

Abbildung 27
Zusammenhang zwischen Abscheidungszeit und Stromdichte

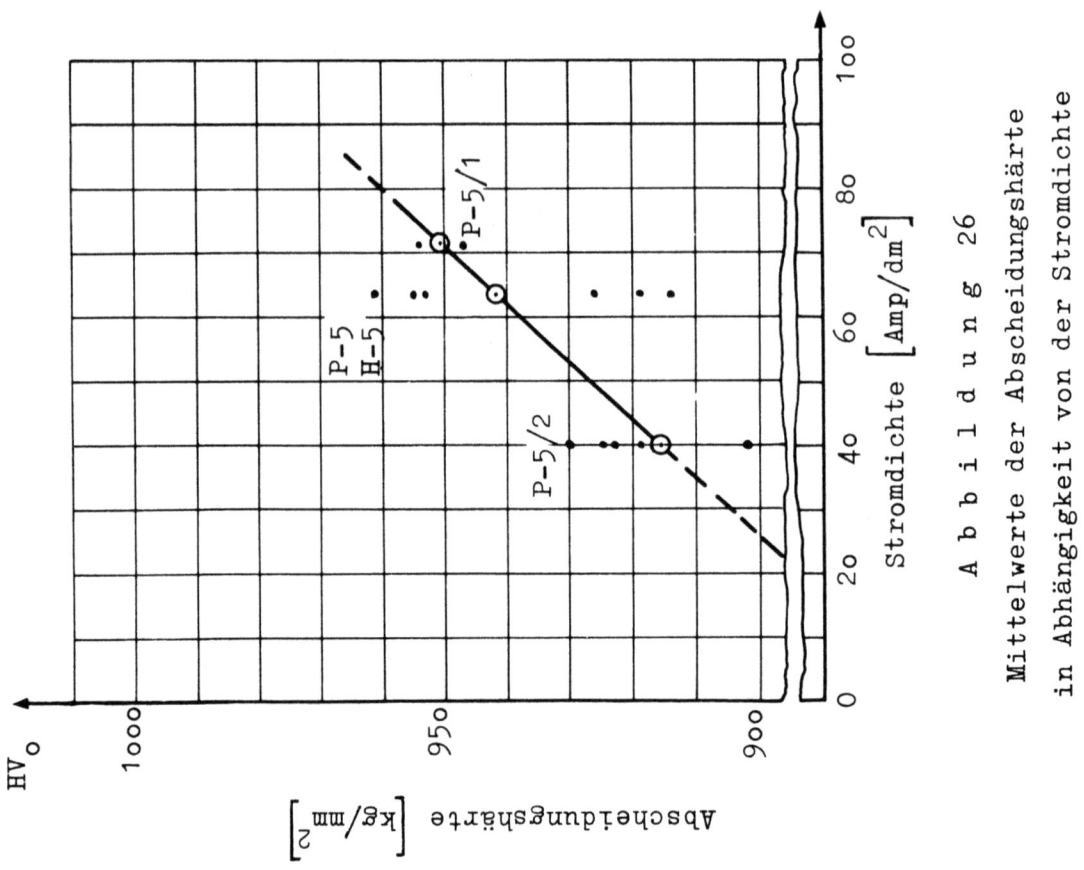

Abbildung 26
Mittelwerte der Abscheidungshärte in Abhängigkeit von der Stromdichte

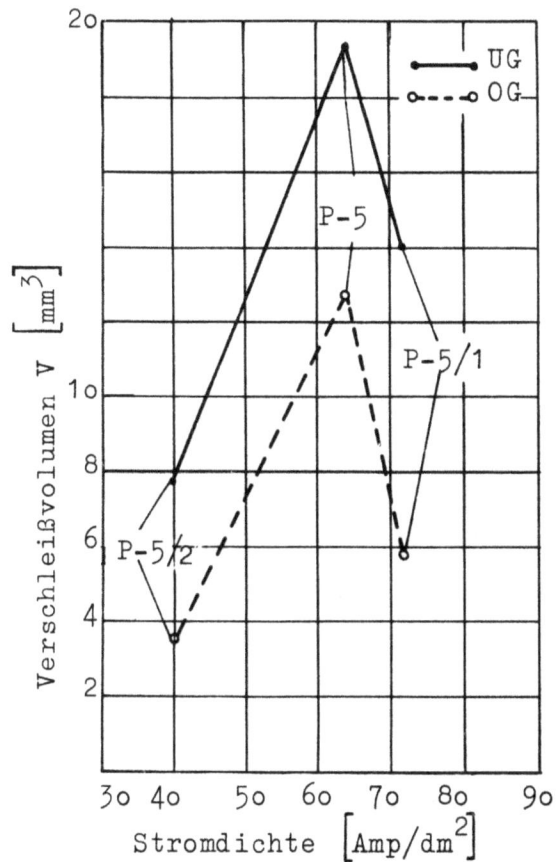

Abbildung 28
Verschleißvolumen V $[mm^3]$ von ebenen Stauchgesenken, die bei verschiedenen Stromdichten hartverchromt wurden, nach 2250 Stauchungen

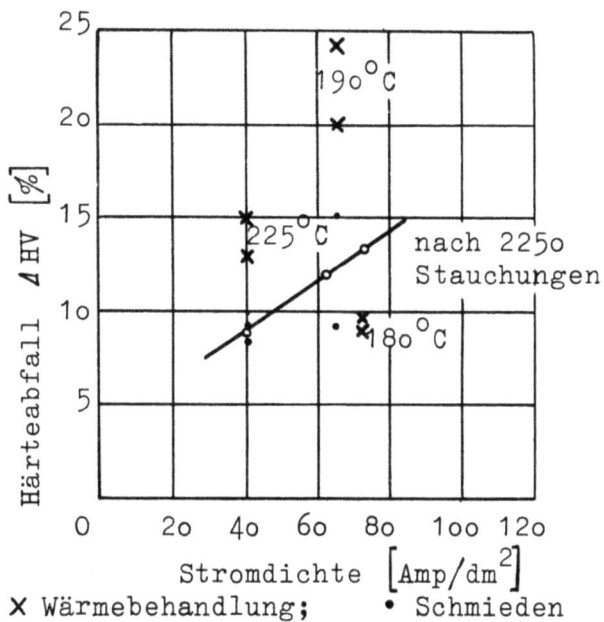

Abbildung 29
Relativer Härteabfall durch Wärmebehandlung und durch Schmieden, bezogen auf die Abscheidungshärte HV_o

unabhängige Veränderliche einführen. Damit ergeben sich die in den Abbildungen 26 bis 29 dargestellten Beziehungen.

Trotz großer Streuung zeigen die Mittelwerte der Abscheidungshärte eine lineare Abhängigkeit von der Stromdichte (Abb. 26). Der Zusammenhang zwischen Abscheidungszeit und Stromdichte ist in Abbildung 27 für eine Schichtdicke von etwa 50 μ dargestellt. Das Verschleißvolumen wird statt über der Härte (Abb. 25) nunmehr auch über der Stromdichte aufgetragen (Abb. 28).

In Abbildung 29 ist der bezogene Härteabfall durch Wärmebehandlung und durch Schmieden in Abhängigkeit von der Stromdichte bei der Abscheidung dargestellt. Während der durch die Wärmebehandlung bedingte Härteabfall $\Delta HV\ [\%] = \frac{HV_o - HV_1}{HV_o} \cdot 100$ keinen funktionellen Zusammenhang erkennen läßt, ergibt sich für die Mittelwerte des Härteabfalls durch das Schmieden eine lineare Abhängigkeit.

4.3 Rißbildung

An hartverchromten Pressenobergesenken der Versuchsreihe 1.1 trat in der Schubdruck- und Gleitreibungszone (1) eine unregelmäßige Rißbildung auf, die bei Schichtdicken von 1o bis 2o μ (Abb. 3o) stärker als bei 5o μ war. An unverchromten Gesenken wie auch an Hammergesenken wurde sie nicht beobachtet.

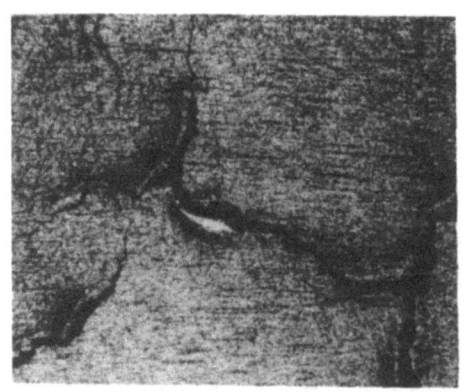

A b b i l d u n g   3o
Rißbildung an einem hartverchromten
Obergesenk (s = 19 μ), V = 25:1

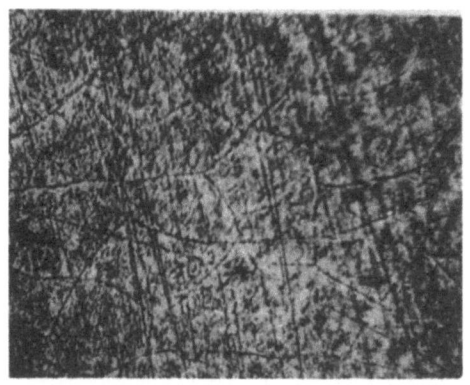

A b b i l d u n g   31
Normales Rißnetzwerk der Hartchromschicht, durch Wärmeeinwirkung deutlich sichtbar
(s = 15 μ), V = 15o:1

Der erste Versuch mit dem hartverchromten Obergesenk A_p-b (Versuchsreihe 1.3), bei dem die Preßkraft durch Tellerfedern aufgenommen wurde und welches somit im wesentlichen nur einer Wärmewechselbeanspruchung ausgesetzt war, ließ auch nach 4ooo Berührungen nicht die geringsten Rißanzeichen erkennen. Lediglich das der Hartchromschicht eigene, feine Rißnetzwerk ist deutlich ausgeprägt (Abb. 31). Jede Hartchromschicht ist nämlich vermutlich infolge der ebenfalls an der Kathode stattfindenden Wasserstoffentwicklung von feinen Kapillaren durchzogen, die im Schliffbild (Abb. 32) als Punkte oder Striche zu sehen sind. Durch Wärmeeinwirkung werden diese Kapillaren wegen der unterschiedlichen Wärmedehnungen von Stahl (etwa $11 \cdot 10^{-6}$) und Hartchrom ($7 \cdot 10^{-6}$) - Verhältnis etwa 3:2 - ausgeweitet, so daß an der Oberfläche jenes feine Rißnetzwerk zu sehen ist. Vermöge der Kapillaren besitzt die Hartchromschicht eine gewisse Porosität und kann dadurch die unterschiedliche Wärmedehnung kompensieren (vgl. (12)).

Der zweite Versuch, bei dem das Obergesenk (A_p-a) auf etwa 3oo°C vorgewärmt war, um das Wärmegefälle zwischen Schmiedegut und Gesenk weitgehend

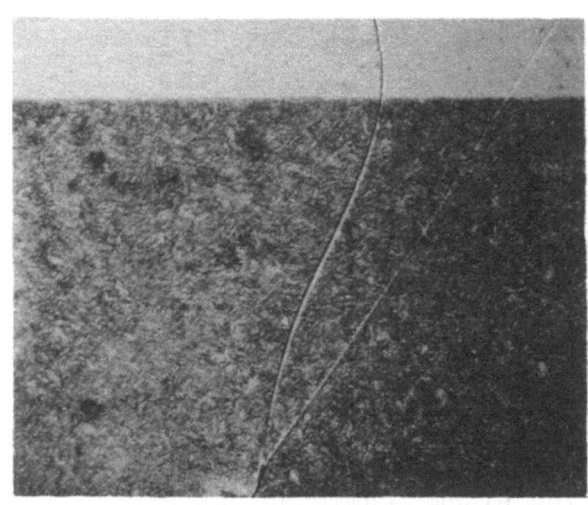

Abbildung 32
Schliffbild eines hartverchromten Probekörpers, Schichtdicke etwa 40 μ, V = 400:1

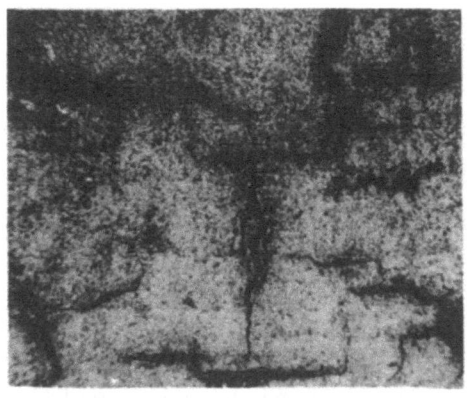

Abbildung 33
Rißbildung an einer unverchromten, ebenen Vorstauchplatte aus HGS nach etwa 5000 Stauchungen, V = 25:1

abzubauen, ergab keine Rißbildung, obwohl der Versuch unter sonst gleichen Bedingungen wie in Versuchsreihe 1.1 durchgeführt wurde. Durch Vorwärmen der Gesenke und den damit verbundenen Abbau des Temperaturgefälles kann also die Rißbildung wirksam verhindert werden.

Da die beschriebene Rißbildung bei den Gesenken P-5 und vor allem P-5/2 kaum auftrat, dagegen bei P-5/1 stärker, scheint sie auch von den Abscheidungsbedingungen und der Schichtdicke abhängig zu sein. Ursachen und Zusammenhänge sind jedoch noch völlig ungeklärt.

Eine ähnliche Rißbildung an einer unverchromten ebenen Vorstauchplatte, die beim Vorstauchen von Stangenabschnitten verwendet wurde, zeigt Abbildung 33. Da bei diesem Vorgang der Stauchgrad gering und damit wegen des kleineren mittleren Formänderungswiderstandes k_{w_m} (19) auch die Kraft gering ist, kann diese Rißbildung im wesentlichen auf die Wärmewechselbeanspruchung zurückgeführt werden.

4.4 Der Verschleiß der untersuchten hartverchromten Pressen- und Hammergesenke

Während bei den mit ebenen Stauscheinsätzen durchgeführten Versuchen das Verschleißvolumen hinreichend genau und mit einfachen Mitteln bestimmt werden konnte, ist dies bei Hohlformgesenken nicht mehr möglich (vgl.(1)).

Bei dem Radiatorenstopfen- und dem Endstückgesenk konnte noch die Änderung eines geeigneten Gesenkmaßes an den Bleiabdrücken verfolgt werden. Bei den übrigen Gesenken bietet nur die erreichte Standmenge eine Vergleichsmöglichkeit. Daneben gibt die laufende Beobachtung des Gesenkoberflächenbildes wichtige Hinweise über den Verschleiß.

4.41 Doppelkegelgesenk

An diesem Gesenk (Versuchsreihe 2) zeigten sich im Gesenkgrund und auf dem Kegelmantel nicht die geringsten Verschleißerscheinungen, am Übergang zum Flansch und an der Gratkante dagegen erhebliche radial verlaufende Risse. Um deren Ursache zu klären, wurde von einem Schmiedestück ein Schliffbild angefertigt (Abb. 34). Hierin sieht man deutlich, daß der

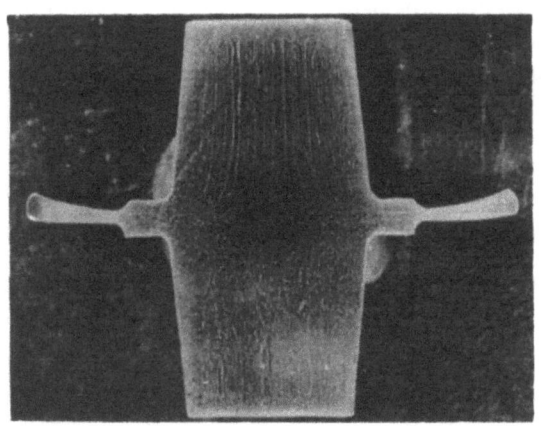

Abbildung 34
Fließlinienverlauf im Doppelkegel, Makroätzung nach OBERHOFFER

Schmiedewerkstoff kaum an der Gesenkwand im kegligen Gravurteil gleitet. Der noch sehr warme und deshalb sehr bildsame Werkstoff schießt vielmehr aus dem Kern in den Flansch und in den Gratspalt, wobei die Zunderhülle aufplatzt. Der heiße Werkstoff gleitet dort ohne nennenswerte Zwischenschicht mit großer Geschwindigkeit an der Gesenkwand entlang. Diese ist damit für einen Augenblick - Berührungsdauer unter Pressendruck etwa 1oo ms - einer starken, stoßartigen Wärmebeanspruchung ausgesetzt. Dieser Vorgang wiederholt sich bei jedem Schmiedestück, so daß auch hier die Wärmewechselbeanspruchung als Ursache der radialen Risse anzusehen ist. Durch das Darübergleiten des Werkstoffes werden diese dann natürlich noch vergrößert, wie Abbildung 35 erkennen läßt.

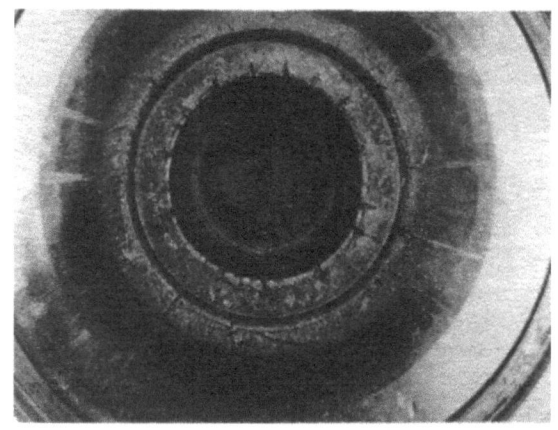 

a) Obergesenk   b) Untergesenk

Abbildung 35

Doppelkegelgesenk nach dem Abschmieden von 1100 Stück

4.42 Radiatorenstopfengesenke

Die Änderung des Durchmessers d_2 der Stopfengesenke (Versuchsreihe 3) ist in Abbildung 36 über der Stückzahl aufgetragen. Bei allen 3 hartverchromten Gesenken hat sich nach 4000 Schmiedestücken keine meßbare Vergrößerung des Durchmessers eingestellt, während das unverchromte Gesenk den aus früheren Untersuchungen bekannten Verlauf der Gesenkmaßänderung zeigt. Es fällt auf, daß vereinzelt Maßverkleinerungen gemessen wurden. Dies erklärt sich daraus, daß sich Zunderteilchen auf der Hartchromschicht festsetzen.

Auch das Oberflächenbild der hartverchromten Gesenke (Abb. 37 und 38) ist wesentlich besser als bei unverchromten Gesenken (Abb. 39). Insbesondere ist der Verschleiß am Grat und am Zapfen im Obergesenk geringer. Der auf den Bildern sichtbare schwarze Glanz rührt von dem sich während des Schmiedens bildenden Chromoxyd her. Es ist ein besonderes Merkmal hartverchromter Gesenke, daß sie durch das Schmieden nicht metallisch blank, sondern schwarz glänzend werden.

Der erwähnte Zunderansatz wurde meist an den Stellen im Gesenk beobachtet, an denen geringerer Druck herrscht und der Werkstofffluß sich verlangsamt. Seine Ursache konnte jedoch nicht geklärt werden.

4.43 Betriebsversuche

Bei dem Endstückgesenk wurde die Maßänderung des Kugeldurchmessers d und der Höhe c (vgl. Abb. 11) gemessen und in Abbildung 40a und b über der

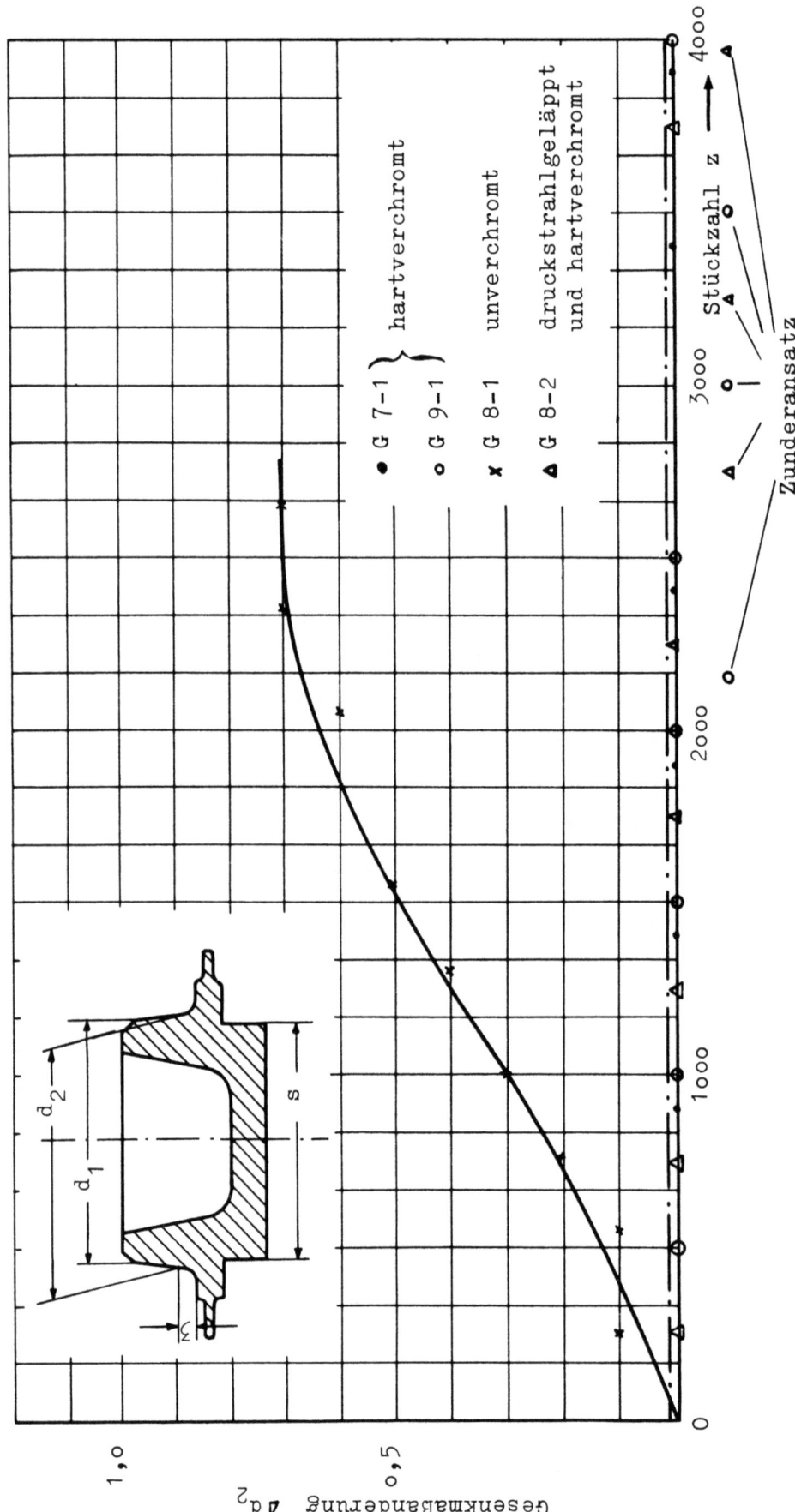

Abbildung 36
Gesenkmaßänderung der Radiatorenstopfengesenke

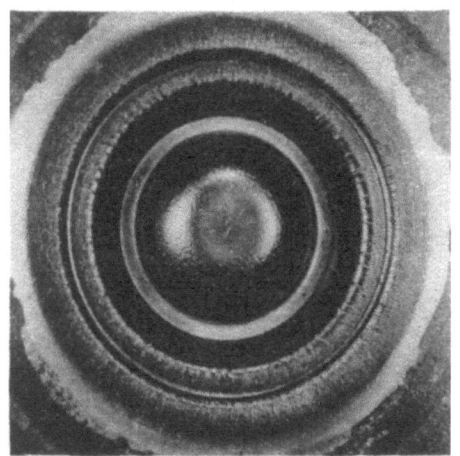 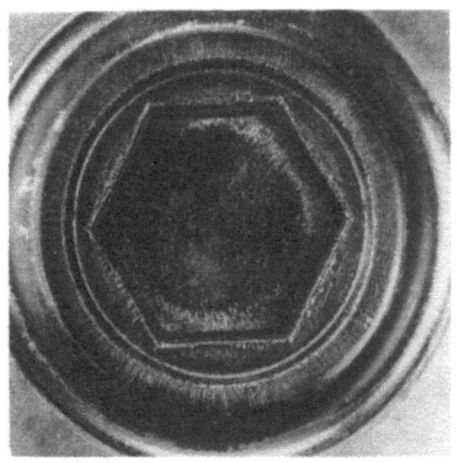

A b b i l d u n g 37
Hartverchromtes Radiatorenstopfengesenk G 7-1
nach 4150 Schmiedestücken (der Auswerfer war nicht hartverchromt)

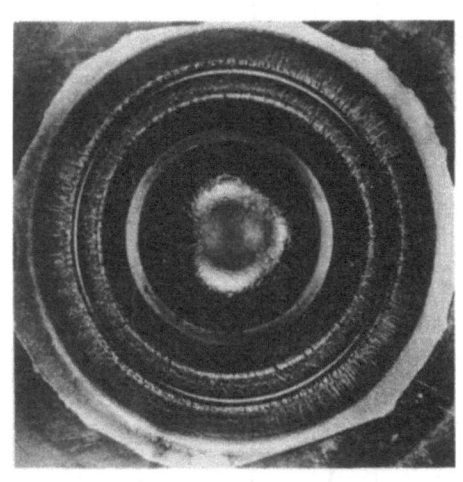 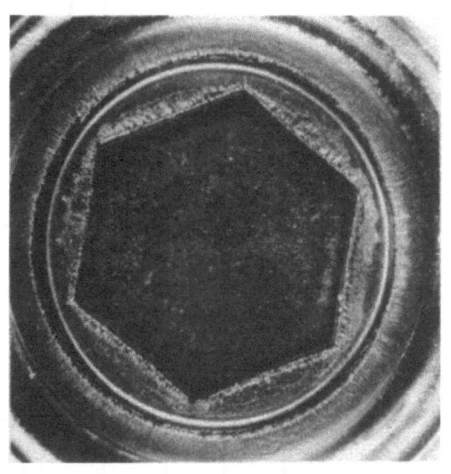

A b b i l d u n g 38
Hartverchromtes Radiatorenstopfengesenk G 9-1
nach 5125 Schmiedestücken (der Auswerfer war nicht hartverchromt)

A b b i l d u n g 39
Unverchromtes Radiatorenstopfengesenk G 1.2
nach 2035 Schmiedestücken (aus (1))

Forschungsberichte des Wirtschafts- und Verkehrsministeriums Nordrhein-Westfalen

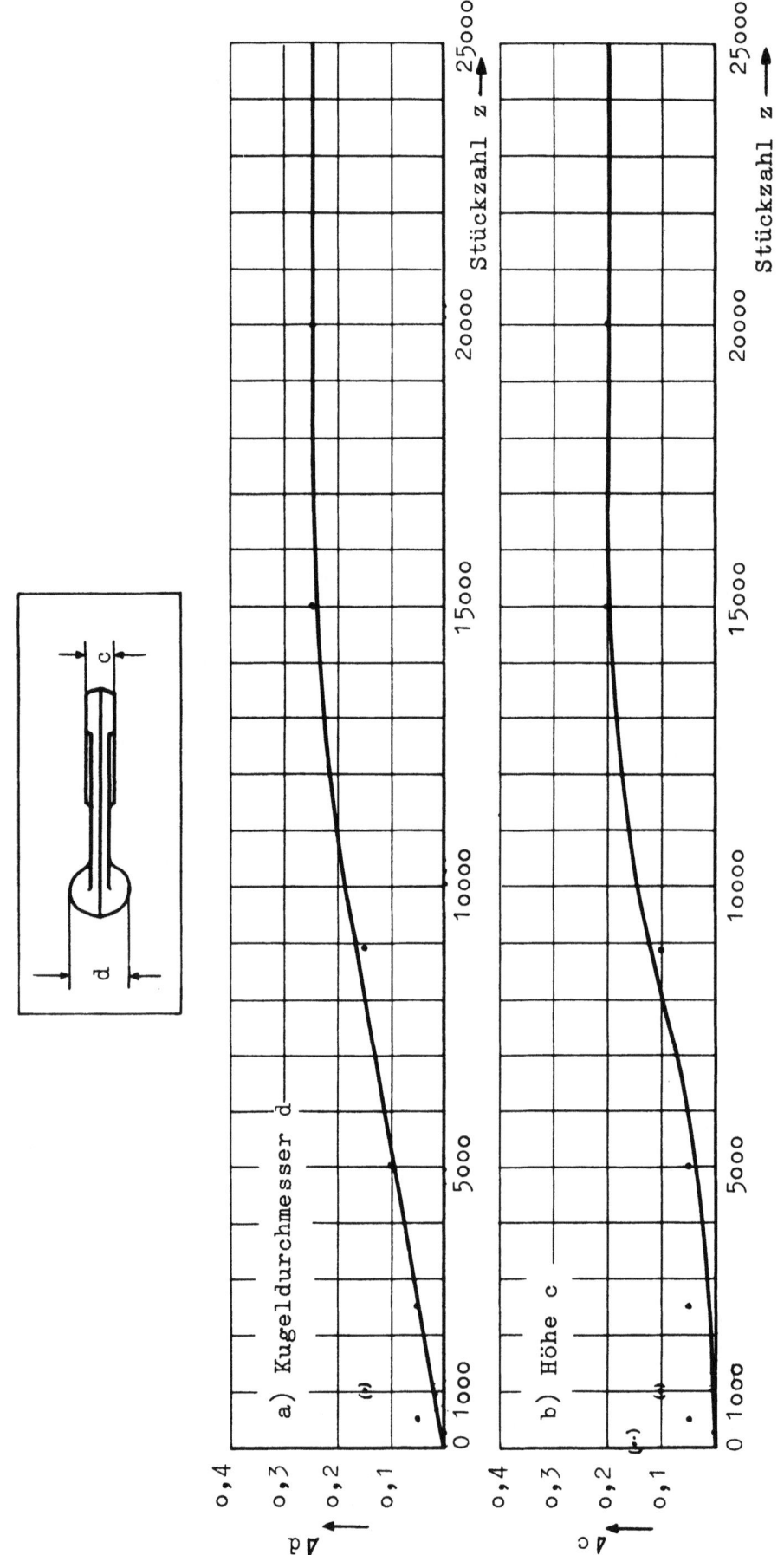

Abbildung 40

Gesenkmaßänderung am Endstück-Gesenk

Stückzahl aufgetragen. Da leider keine Meßwerte von einem unverchromten Gesenk vorliegen, kann eine anschauliche Gegenüberstellung wie in Abbildung 36 hier nicht gegeben werden. Der Erfolg der Hartverchromung ist aber aus Tabelle 5 zu ersehen, in welcher Mittelwerte der in unverchromten Gesenken erzielten Standmengen mit der durch Hartverchromen erreichten verglichen werden.

Tabelle 5
Standmengen hartverchromter und unverchromter
Gesenke (nach Betriebsversuchen)

Gesenk	Standmenge		Durch Hartverchromung erzielte Steigerung der Standmenge
	ohne Chrom (Mittelwert aus 12 bzw. 13 Gesenken)	hartverchromt	
Endstücke	9.900	28.450	+ 190 %
(Kupplungshebel	15.800	15.000	- 5 %) *
Schaltgabel	9.500	12.100	+ 28 %

*Dieses Ergebnis beruht auf fehlerhafter Gesenkherstellung und ist daher nicht vergleichbar; s. auch weiter unten

Beim Endstückgesenk wurde also fast die dreifache Standmenge erreicht. Dabei ist selbst an den Stellen stärksten Verschleißes (Gratbahn, scharfe Übergänge) die Form beachtlich gut erhalten (Abb. 41). Das Endstückgesenk

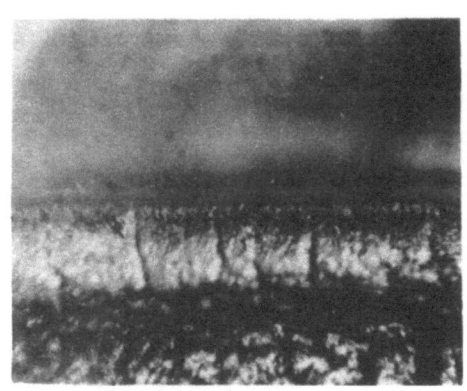

a) obere Kante   b) Kantengrund

Abbildung 41

Gratkante im Endstückuntergesenk nach etwa 10.000 Schmiedestücken, V=25:1
(an der Mikroskopeinstellung wurde nur die Höhe verstellt)

wurde dadurch unbrauchbar, daß im Untergesenk an der Gratbahn eine Auskolkung auftrat, die an der Gratfläche beginnend sich zur Gravur hin ausweitete.

In Abbildung 42b ist zu erkennen, daß die Auskolkung die Gravur fast erreicht hat, das Gesenk also nicht weiter verwendet werden kann.

Das <u>Kupplungshebelgesenk</u> (Abb. 43) mußte ausgebaut werden, weil die Schmiedestücktoleranz überschritten wurde, obwohl nirgends besonders starker Verschleiß festzustellen war.

Auskolkung

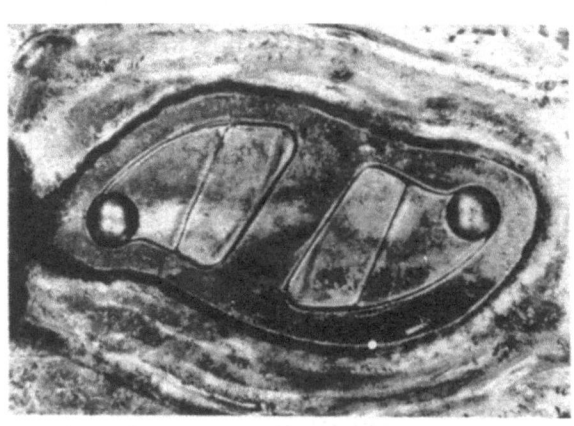 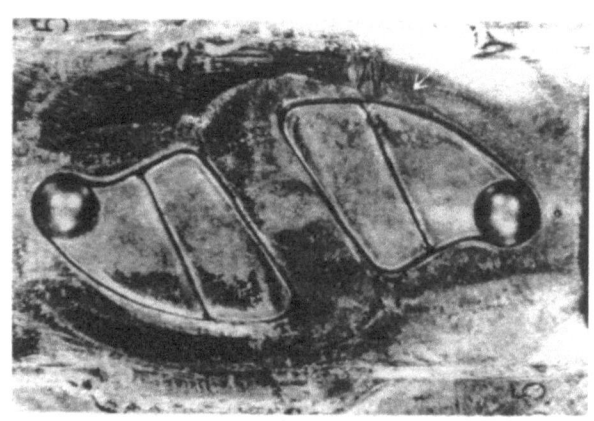

a) Obergesenk b) Untergesenk

A b b i l d u n g 42

Endstückgesenk nach 28.450 Schmiedestücken

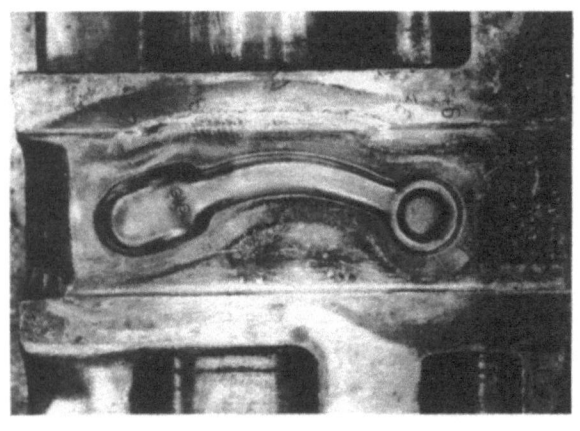 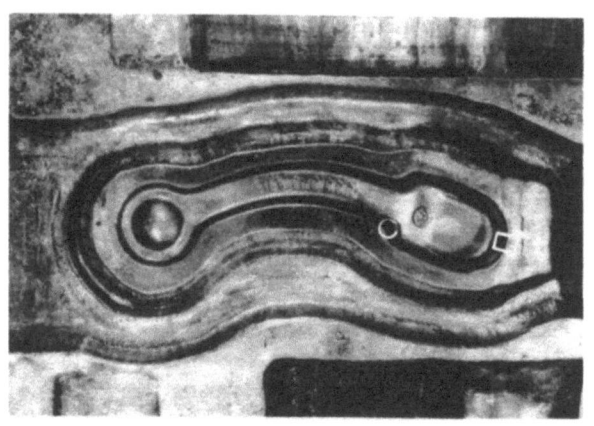

a) Obergesenk b) Untergesenk
  O Abbildung 44 □ Abbildung 45

A b b i l d u n g 43

Kupplungshebelgesenk nach 15.000 Schmiedestücken

Abbildung 44 zeigt eine Gratkante nach 4.800 und 15.000 Schmiedestücken. Die Rißbildung ist zwar stärker als bei den anderen Gesenken, aber typische Verschleißkennzeichen wie Riefen sind nicht zu sehen.

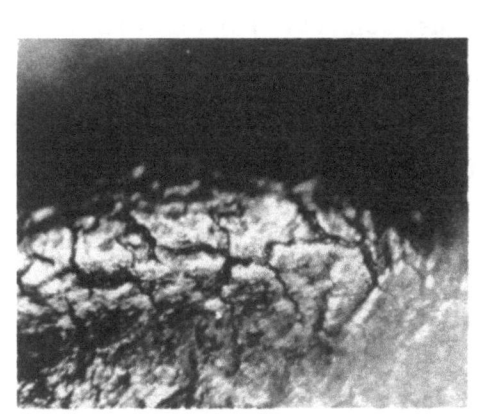 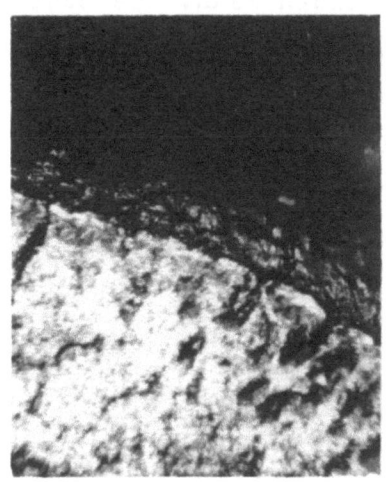

a) nach 4.800 Schmiedestücken   b) nach 15.000 Schmiedestücken

A b b i l d u n g 44

Gratkante im Kupplungshebel-Untergesenk, V = 25:1

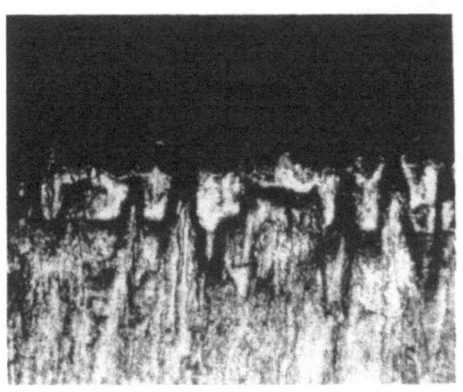

A b b i l d u n g 45

Gratkante zum Stangenende im Kupplungshebel-Untergesenk
nach 15.000 Schmiedestücken V = 25:1

Wirklich starker Verschleiß wurde nur an der Gratkante zum Stangenende beobachtet (Abb. 45). Wie sich später herausstellte, war das Gesenk von vornherein zu groß hergestellt. Durch das vor dem Hartverchromen notwendige Feinschmirgeln ist die Gravur noch weiter vergrößert, so daß nur noch ein sehr geringer Teil der Schmiedetoleranz für den Verschleiß nutzbar war.

Das Ergebnis kann damit in diesem Rahmen nicht verwandt werden; der nach dem Ausbau praktisch unversehrte Hartchromüberzug läßt jedoch darauf schliessen, daß auch bei derart tiefen Gravuren die Hartverchromung mit Erfolg angewandt werden kann. Das Schaltgabelgesenk (Abb. 46) ergab eine um 28 % höhere Standmenge. Sowohl im Unter- wie im Obergesenk sind insbesondere an den Übergangsstellen vom großen zum kleinen Querschnitt Verschleißerscheinungen vorhanden. Im Obergesenk ist am Auslauf des sechskantigen Zapfens zur Gabel die Hartchromschicht nach etwa 7.000 Schmiedestücken schon teilweise abgerieben (Abb. 47). An der Gabel ist im Ober- und Untergesenk an der

a) Obergesenk   b) Untergesenk
□ Abbildung 47   O Abbildung 48a   O Abbildung 48b   □ Abbildung 49

A b b i l d u n g   46

Draufsicht des Schaltgabelgesenkes nach 12.1oo Schmiedestücken

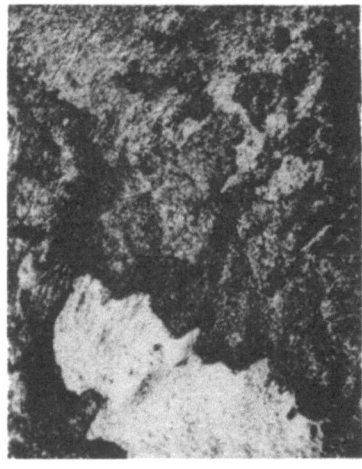

A b b i l d u n g   47

Teilweise abgeriebene Hartchromchicht am Übergang vom Sechskantansatz
zur Gabel nach 6.9oo Schmiedestücken, V = 25:1

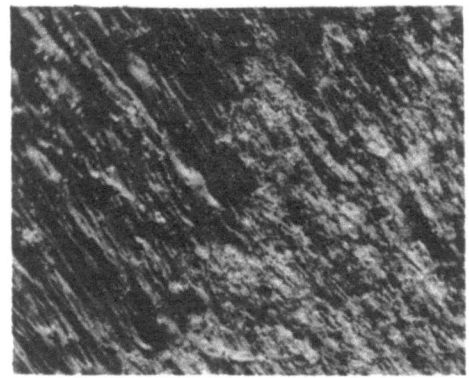 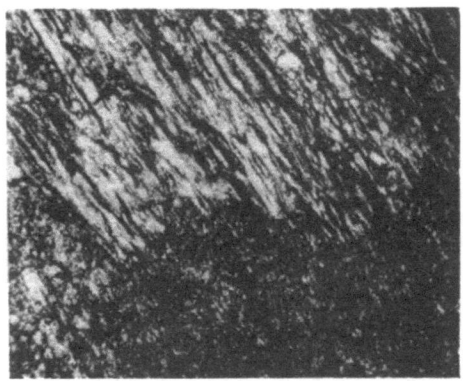

a) Obergesenk　　　　　　　　　　b) Untergesenk

A b b i l d u n g 48

Grenzlinie zwischen abgenutzter Hartchromschicht und
Grundwerkstoff an der Gabel nach 12.1oo Schmiedestücken, V = 25:1

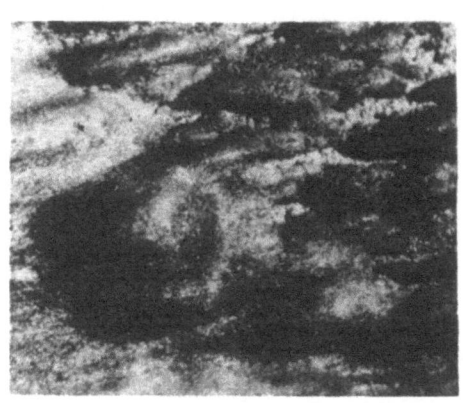 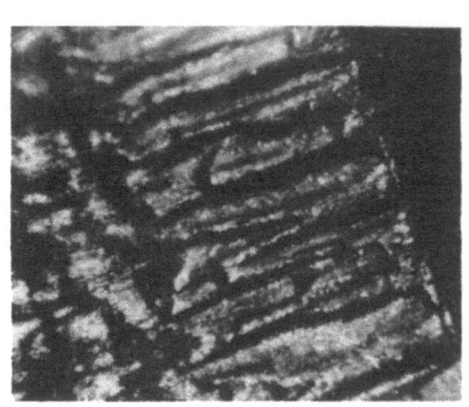

a) Auskolkung vor der Gratkante　　　b) Gratkante

A b b i l d u n g 49

Verschleißerscheinungen an der Gratkante zum Stangenende im
Untergesenk nach 6.9oo Schmiedestücken, V = 25:1

gleichen Stelle die Grenze zwischen abgenutzter Hartchromschicht und Grundwerkstoff zu sehen (Abb. 48). Die Stelle des absolut stärksten Verschleißes liegt im Untergesenk an der Gratkante zwischen Zapfen und Stangenende.

In Abbildung 49a sieht man, daß sich zunächst Auskolkungen in der Hartchromschicht bilden, die zur Stange hin (Abb. 49b) in starke Riefen auslaufen. Hier ist die Hartchromschicht bereits abgerieben.

Trotz des an einigen Stellen deutlich sichtbaren Verschleißes war dieser nicht die entscheidende Ursache des Erliegens. In Abbildung 46 und noch

Forschungsberichte des Wirtschafts- und Verkehrsministeriums Nordrhein-Westfalen

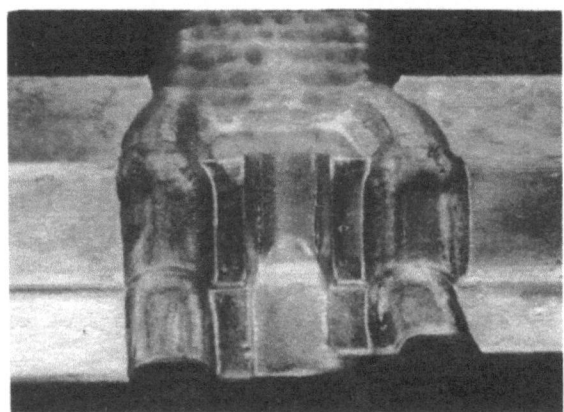

Abbildung 50
Schrägsicht auf den Zapfen
des Schaltgabelgesenkes
(oben-Obergesenk,
unten-Untergesenk)

Abbildung 51
Schrägsicht auf die Gabel
des Schaltgabelgesenkes
(oben-Obergesenk,
unten-Untergesenk)

besser in Abbildung 50 erkennt man die Risse, die sich in allen Kanten gebildet haben, im Obergesenk am Zapfen (Abb. 50a), im Untergesenk am Gabelknick (Abb. 46b und 51b) und an der unteren Kante des zylindrischen Zapfens (Abb. 50b). Diese starken Kerbrisse bestimmten die Standmenge; dringen sie zu tief in das Gesenk ein, so läßt sich dieses nicht mehr nachsetzen, d.h. der Gesenkblock wird nicht wirtschaftlich genutzt. Darum werden beim Auftreten von Kerbrissen - alle tieferen und stark gegliederten Gravuren werden davon betroffen - die Gravuren schon nachgesetzt, bevor sie durch Verschleiß unbrauchbar geworden sind. Beim Schaltgabelgesenk war der Verschleiß im ganzen wie auch an den bevorzugten Stellen an der Gabel wesentlich geringer als bei unverchromten Gesenken. Die Gratstärke blieb nahezu konstant. Abbildung 51 zeigt, wie gut die Form der Gabel und besonders der Schaltwarzen erhalten blieb.

Bei diesen Betriebsversuchen zeigte sich allgemein, daß hartverchromte
Gesenke kaum zum Kleben neigen. Damit ermöglichen sie ein leichteres und
flotteres Schmieden. Mit dem Schaltgabelgesenk wurde beispielsweise eine
um etwa 1o % höhere Tagesleistung erzielt. Ferner mußte das Gesenk viel
seltener ausgeputzt werden.

4.5 Einfluß der Oberfläche und der Gesenkwerkstoffe auf die Haftfestigkeit der Hartchromschicht

Die auf der feingeschmirgelten bzw. -geschliffenen Gesenkoberfläche aufgetragene und anschließend langzeitig wärmebehandelte Hartchromschicht haftete gut. Abblätterungen wurden nirgends beobachtet. Die Hammergesenke,
mit denen die Betriebsversuche durchgeführt wurden, waren nach dem Vergüten nur ausgeputzt. Diese Art der Bearbeitung bietet keine ausreichende
Grundlage für die Verchromung. Nach weiterem Feinschmirgeln ließ sich die
Hartverchromung einwandfrei durchführen. Die Haftfestigkeit war gut. Um
diese zusätzliche Nacharbeit einsparen zu können, wurde versuchsweise der
Härtezunder nach dem Vergüten durch Druckstrahlläppen (1) entfernt. Damit
erübrigt sich jede Bearbeitung von Hand, außerdem wird ein großer Teil
der sonst erforderlichen Putzarbeit eingespart.

Nach einem erfolgversprechenden Vorversuch mit einem Probestück wurde das
Radiatorenstopfengesenk P 8-2 druckstrahlgeläppt und hartverchromt. Trotz
relativ großer Anfangsrauhigkeit (Abb. 52) zeigte das Gesenk die gleichen
guten Eigenschaften wie die anderen hartverchromten Radiatorenstopfengesenke (Abb. 36).

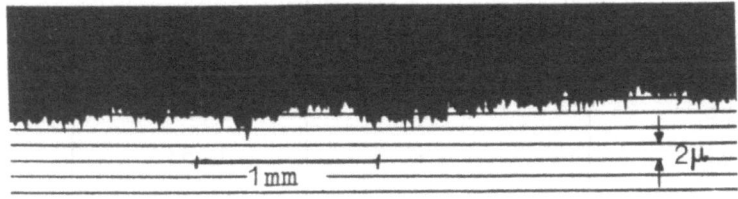

a) Profilausschnitt

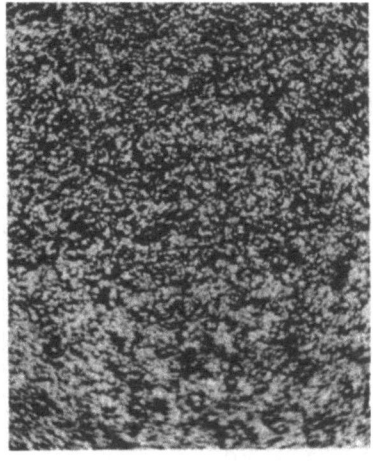

Abbildung 52
Oberfläche eines druckstrahlgeläppten
und hartverchromten Gesenkes
V = 75:1

b) Flächenausschnitt

Bei allen Versuchen wurden die nachstehend aufgeführten Gesenkwerkstoffe verwendet. Sie ließen sich einwandfrei hartverchromen.

55 Ni Cr Mo V 6	Werkstoff-Nr. 2713	AMS und HGS
56 Ni Cr Mo V 7	Werkstoff-Nr. 2714	AMS-Extra, SRS-Extra
4o Cr Mn Mo 7	Werkstoff-Nr. 2311	WAGT-Extra.

4.6 Einfluß der Umformmaschine

Die grundlegenden Versuche der Reihe 1.1 wurden sowohl unter dem Fallhammer als auch mit der Spindelschlagpresse durchgeführt, um den Einfluß der Umformmaschine auf den Verschleiß festzustellen. Aus Tabelle 2 und Abbildung 2o sind die Verschleißvolumina zu Tabelle 6 zusammengestellt und das Verschleißverhältnis von Spindelschlagpresse zu Fallhammer angegeben. Danach ergibt sich also bei der Presse ein größerer Gesenkverschleiß als beim Fallhammer, vorausgesetzt, daß Werkzeuge gleicher Form und aus gleichem Werkstoff mit gleicher Oberflächenbehandlung verglichen werden. Dieses Verhältnis ist bei unverchromten Gesenken und bei hartverchromten Gesenken mit geringer Schichtdicke größer als bei solchen mit mittleren Schichtdicken.

Tabelle 6
Einfluß der Umformmaschine auf den Verschleiß

Dicke der Hartchromschicht $[\mu]$	Verschleißvolumen des Pressen-Gesenkes $[mm^3]$	Verschleißvolumen des Hammer-Gesenkes $[mm^3]$	Verhältnis $\frac{Presse}{Hammer}$
Obergesenke			
ohne Cr	1o6	3o	3,5:1
s = 1o	27	15	1,8:1
s = 2o	4	5	o,8:1
s = 5o	5	2	2,5:1
Untergesenke			
ohne Cr	14o	51	2,7:1
s = 1o	124	25	5,o:1
s = 2o	6	6	1
s = 5o	9	7	1,3:1

Forschungsberichte des Wirtschafts- und Verkehrsministeriums Nordrhein-Westfalen

Dieses Ergebnis mag einen Gesichtspunkt zur Frage Hammer oder Presse beitragen; es läßt die Möglichkeit offen, durch Einsatz hochwertigerer und damit auch teurerer Gesenkwerkstoffe auch beim Pressenschmieden befriedigende Standmengen zu erreichen. Daneben spielen bekanntlich eine Reihe anderer Gesichtspunkte eine große Rolle wie Führungsgenauigkeit, Bedienung, Gleichmäßigkeit des Umformvorganges, Anschaffungskosten sowie Aufstellungs- und Anschlußkosten und schließlich die Lebensdauer der Maschine selbst. Von der Werkzeugseite her wird sich die Frage Hammer oder Presse sicher nicht allein entscheiden lassen.

4.7 Der Gleitwiderstand zwischen Schmiedewerkstoff und Gesenk

Für die Versuche nach Versuchsreihe 6 (Versuchsplan S. 16) wurde eine besondere Kegelstauchvorrichtung gebaut. Die Versuche selbst wurden auf der Spindelschlagpresse durchgeführt. Die Proben mit Kegeln von $tg\, \alpha = 0,3$ bis $tg\, \alpha = 1$ wurden im Elektroofen auf $1050°C$ erwärmt und dann nach dem Einlegen in die kalte Stauchvorrichtung sofort um gleiche Beträge gestaucht. Sie waren entsprechend den Kegelwinkeln tonnenförmig oder hyperboloid. Um durch Interpolation einen Wert für $tg\, \alpha$, bei dem eine parallelepipedische Stauchung vorliegt, angeben zu können, wurden die (unterschiedlichen) Außendurchmesser d_A [30] und der Mittendurchmesser d_M in der in Abbildung 53 gezeigten Weise ermittelt und die Differenz Δd aufgetragen. Der Reibungsbeiwert $\mu = tg\, \alpha$ ergibt sich somit

für feingeschmirgelte Flächen ($R = 0,5 - 1\mu$) zu $0,5 - 0,75$
und für hartverchromte Flächen zu etwa $0,45$.

Starke Verzunderung erhöhte den Reibungsbeiwert bei unverchromten Oberflächen nur geringfügig, bei hartverchromten jedoch auf etwa $0,6$. Wodurch der breite Bereich der parallelepipedischen Stauchung bei unverchromten Flächen bedingt ist, konnte nicht geklärt werden.

Das Untersuchungsergebnis zeigt, daß die hartverchromte Oberfläche nur so lange einen geringeren Reibungsbeiwert besitzt wie kein Zunder auf der Chromschicht haftet.

Der mittels des SIEBELschen Kegelstauchversuches gewonnene Reibungsbeiwert ist bei den hier vorliegenden großen Kegelwinkeln nicht mit dem exakt definierten physikalischen Reibungskoeffizienten ($\tau = \mu \cdot \sigma$) identisch, da

---

30. Um Randeinflüsse auszuschalten, wurde auf den äußeren Ringen gemessen

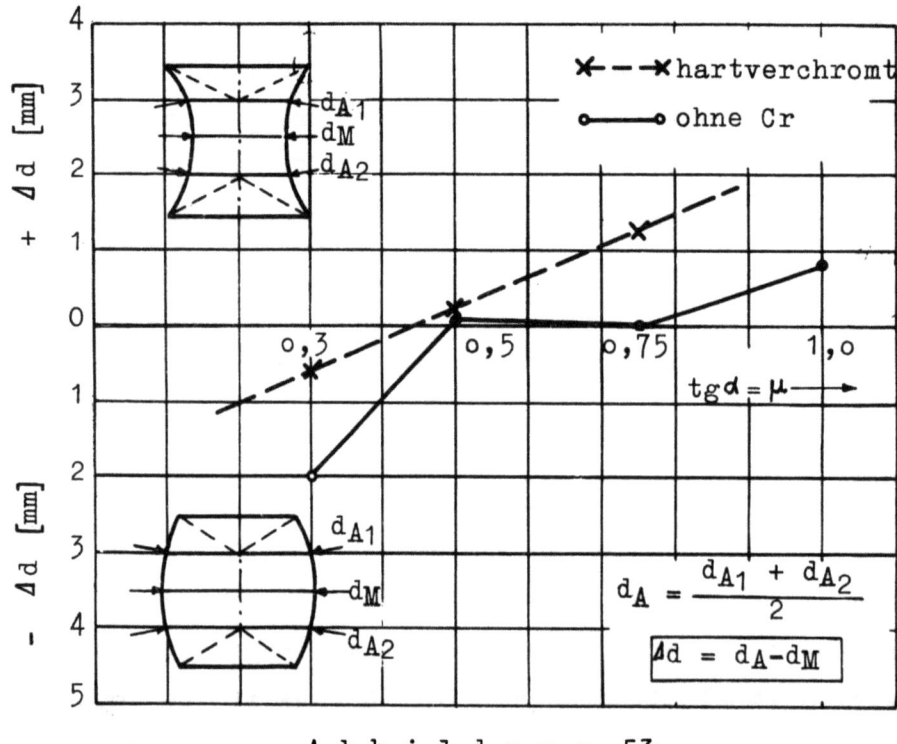

Abbildung 53

Bestimmung des Reibungsbeiwertes μ beim Schmieden (Kegelstauchversuch nach SIEBEL) Meßpunkte und Mittelwerte aus je 2 bis 3 Versuchen

hierbei nach Überschreiten der Scherspannung schon Verformungen in der Oberflächenschicht der Kegelflächen auftreten können, die das Ergebnis entsprechend beeinflussen. Trotzdem darf unter Beachtung dieser Einflüsse aus dem Ergebnis der Schluß gezogen werden, daß der Gleitwiderstand zwischen Werkstoff und hartverchromter Gesenkwand kleiner ist als zwischen Werkstoff und unverchromter, geschliffener Gesenkwand und zwar zwischen 10 und 60 %. Dieses Ergebnis ist für die benötigte Umformarbeit im Gesenk zweifellos von großem Wert.

5. Bedeutung der Ergebnisse für die Praxis

5.1 Technische Bedeutung

Auf Grund der Ergebnisse kann in hartverchromten Schmiedegesenken etwa die zwei- bis dreifache Standmenge geschmiedet werden wie in unverchromten. Hierbei sind folgende Punkte hervorzuheben:

1) Der Verschleiß ist selbst an gefährdeten Stellen gering; beispielsweise bleibt der Grat dünn, so daß das Abgraten keine Schwierigkeiten bereitet.

2) Hartverchromte Gesenke kleben nicht; damit ist ein schnelleres Schmieden möglich, was ein gesteigertes Ausbringen (bei Versuch 43 - Schaltgabel - etwa 1o %) des Hammers zur Folge hat.

3) Die anteiligen Gesenkkosten je Stück werden geringer; die Gesenkmacherei wird entlastet. Hierauf wird im Abschnitt 5.2 noch näher eingegangen.

4) Der geringere Verschleiß hat eine gute Oberflächenbeschaffenheit und Formgenauigkeit der Schmiedestücke zur Folge.

Diese Vorteile der Hartchromung lassen sich allerdings nur erzielen, wenn die Gesenkoberfläche entsprechend vorbereitet ist, bei der Abscheidung bestimmte Bedingungen eingehalten werden und eine Wärmebehandlung nachgeschaltet wird, welche den Wasserstoffgehalt der Hartchromschicht herabsetzt und ihre Haftfestigkeit verbessert. Zur Hartverchromung vorgesehene Gesenke sind in der üblichen Weise zu vergüten. Dabei ist aber zu beachten, daß die Härte und damit die Festigkeit nur so hoch zu sein brauchen, daß die Umformkräfte ohne bleibende Verformung von der Gravur ertragen werden. Gesenkhärten zwischen 38 und 48 H_{Rc} reichen im allgemeinen aus; kleinere Gesenke erfordern größere Härte. Beim Übergang zur Hartverchromung kann die Blockhärte ohne weiteres um 4 bis 5 Rockwell-C-Einheiten gesenkt werden. Man kann also hartzuverchromende Gesenke etwas stärker anlassen, wodurch die Zähigkeit verbessert wird.

Nach dem Vergüten ist der Härtezunder restlos zu entfernen, da an schwarzen Stellen kein Chromansatz erfolgt. Das übliche Ausputzen genügt hier nicht! Am besten wird die Gravur schon vor dem Härten feingeschmirgelt. Nach dem Anlassen ist statt des zeitraubenden Polierens von Hand das Druckstrahlläppen oder Elektropolieren[31] besonders zu empfehlen, da beide Verfahren eine besonders gute Grundfläche für die Hartchromauflage schaffen.

Für die Hartverchromung selbst wurden folgende günstigste Bedingungen gefunden:

Chromsäurekonzentration	250 g CrO_3/l
Fremdsäuregehalt, bezogen auf den Chromsäuregehalt des Bades	1,3 % H_2SO_4
Badtemperatur	53°C
Stromdichte	4o Amp/dm^2
Schichtdicke	o,o2 bis o,o5 mm

---

31. Das Elektropolieren erfolgt in der Hartverchromungsanstalt, so daß die Gesenkblöcke mit Härtezunder angeliefert werden können

Es handelt sich also um ein Chrombad normaler Zusammensetzung, aus dem bei niedriger Stromdichte langzeitig eine mitteldicke, weiß- bis hochglänzende Hartchromschicht abgeschieden wird.

Bei vielgestaltigen Gravuren wird es nicht immer leicht sein, die genannten Bedingungen einzuhalten. Gegebenenfalls müssen einzelne Abschnitte der Gravur nacheinander hartverchromt werden. In diesen wie auch in vielen anderen Fällen ist auch die Anodengestaltung besonders schwierig und erfordert langjährige Erfahrung. Aus diesen Gründen sollte die Hartverchromung von Gesenken nur bewährten Hartverchromungsbetrieben übertragen und nicht in Gesenkmachereien vorgenommen werden, die diese Voraussetzungen im Regelfalle nicht erfüllen können.

Die Verschleißeigenschaften der Hartchromschichten werden durch eine Wärmenachbehandlung unter folgenden Bedingungen verbessert:

$$\text{Anwärmen bei } 100^\circ C \text{ etwa 1 Stunde}$$
$$\text{"Glühen" bei } 225^\circ C \text{ 18 bis 20 Stunden.}$$

Für das Schmieden sind auch die hartverchromten Gesenke vorzuwärmen und in den Pausen warmzuhalten. Dabei ist zu beachten, daß keine offenen Gasflammen gegen die hartverchromte Gravur schlagen, da sonst die Chromschicht karburiert wird und dadurch versprödet. Die günstigste Anwärmtemperatur liegt zwischen 100 und 150°C.

Beim Schmieden in hartverchromten Gesenken erübrigt sich im allgemeinen das Schmieren, da die Schmiedestücke kaum kleben. In schwierig gelagerten Fällen wird, besonders im Anfang, dünnflüssiges Öl unter Zusatz von kolloidalem Graphit[32] mit Erfolg angewendet.

Auch hartverchromte Gesenke müssen nach dem Abschmieden nachgesetzt werden. Ein Wiederaufchromen ohne Nachsetzen ist nicht zu empfehlen, da Hartverchromung, Wärmenachbehandlung und Schmieden die Grenzschicht des Grundwerkstoffes in noch nicht bekannter Weise beeinflussen. Die nachgesetzte Gravur dagegen wird mit gleich gutem Erfolg hartverchromt.

Für die Hartverchromung sind alle Gesenke geeignet, die überwiegend infolge Verschleißes erliegen. Die Standmenge kann bei denjenigen Gesenken, die durch Rißbildung in Kanten und Ecken erliegen, nicht erhöht werden.

---

32. Beispielsweise "dag" Dispersion 401 (kolloidaler Graphit in Testbenzin) der Acheson Ltd. London (Generalvertretung Schaaff & Meurer, Duisburg)

Gegebenenfalls kann aber durch eine größere Dehnung des Grundwerkstoffes infolge stärkeren Anlassens diese Rißbildung hinausgeschoben werden. In anderen Fällen ist zunächst der Einsatz eines wärmewechselfesteren Grundwerkstoffes Voraussetzung für eine erfolgreiche Hartverchromung.

Die üblichen Gesenkwerkstoffe mit den Werkstoff-Nummern 2311, 2713 und 2714 sind auf Grund der Versuchsergebnisse für die Hartverchromung gut geeignet.

5.2 Kosten der Hartverchromung

Infolge des schlechten Wirkungsgrades sowie der schlechten Streuung des Chrombades, verbunden mit der oft schwierigen und damit teuren Gestaltung der Hartbleianode ist die Hartverchromung verhältnismäßig kostspielig. Im folgenden wird am Beispiel des Radiatorenstopfengesenkes jedoch gezeigt, daß der Aufwand hierfür durch die erreichten Vorteile gerechtfertigt ist.

Die Losgröße betrage 18.000 Stück. In <u>unverchromten</u> Gesenken werden etwa 2.000 Stück erzielt. Also sind 9 Gravuren erforderlich. Da jedes Gesenk zweimal nachgesetzt wird, sind demnach 3 Gesenkblöcke notwendig. Die mittleren Kosten je Gravur (einschließlich Werkstoffkostenanteil und Blockbearbeitung) betragen DM 154.--. Damit ergeben sich die gesamten Gesenkkosten für diese Losgröße zu

$$9 \times 154.- \text{ DM} = 1.386.- \text{ DM}.$$

Mit <u>hartverchromten</u> Gesenken wird die dreifache Standmenge erreicht, also 6.000 Stück. Für die gleiche Losgröße werden nur noch 3 Gravuren benötigt, d.h. 1 Gesenk wird zweimal nachgesetzt. Dann betragen die Kosten:

Gesenkkosten	3 x 154.- DM =	462.- DM
3 Hartverchromungen	3 x 45.- DM =	135.- DM
	zusammen:	597.- DM

Durch die Hartverchromung können also die Gesenkkosten auf

$$\frac{597}{1.386} \cdot 100 = 43 \%$$

gesenkt werden. Während der Gesenkkostenanteil je Schmiedestück bisher 0,077 DM betrug, beträgt er bei Hartverchromung nur noch 0,033 DM.

Ähnlich verhalten sich die Kosten beim Endstückgesenk. Hier sei die Losgröße 60.000 Stück. Bei vier- bis fünfmaligem Nachsetzen betragen die mittleren Gravurkosten DM 140.- und die Hartverchromungskosten DM 87.- je Gravur. Die Standmenge unverchromter Gesenke liegt bei 10.000, die hartverchromter Gesenke bei 30.000 Stück. Statt bisher 6 Gravuren sind nur noch zwei erforderlich. Die gesamten Gesenkkosten sinken deshalb auf:

$$\frac{454}{840} \cdot 100 = 54 \%,$$

wobei angenommen ist, daß das hartverchromte Gesenk nochmals nachgesetzt wird, um den Gesenkblock auszunutzen.

Allgemein kann die Veränderung der Gesenkkosten wie folgt ermittelt werden:

$$\frac{M}{M_{Cr}} \cdot \frac{K_G + K_{Cr}}{K_G} \cdot 100 = x \%$$

Darin bedeuten:

M - Standmenge der unverchromten Gravur

M_{Cr} - Standmenge der hartverchromten Gravur

K_G - mittlere Gesenkkosten je Gravur

K_{Cr} - Kosten der Hartverchromung je Gravur.

Anders formuliert ist die Hartverchromung dann gewinnbringend, wenn

$$\frac{M_{Cr}}{M} > \frac{K_G + K_{Cr}}{K_G}$$

Die wichtigste Voraussetzung für den wirtschaftlichen Einsatz hartverchromter Gesenke ist naturgemäß eine Losgröße, die die restlose Ausnutzung der hartverchromten Gravur erfordert. Noch besser sind größere Lose, für die mehrere Gravuren benötigt werden. Die unter Umständen erheblichen Kosten für den Anodenbau verteilen sich nämlich dann auf alle Gravuren. Diese Bedingung ist beispielsweise bei Großserien, wie sie bei Automobilteilen heute üblich sind, ausgezeichnet erfüllt.

Die Hartverchromung ist in allen Fällen wirtschaftlich, in denen die Gesenke infolge Verschleißes unbrauchbar werden. Die Lebensdauer tiefer und stark gegliederter Gesenke, die infolge der von Kanten und Ecken ausgehenden Kerbrißbildung erliegen, kann dagegen durch Hartverchromen kaum verbessert werden. In diesen Fällen ist dieses deshalb als unwirtschaftlich abzulehnen.

6. Zusammenfassung und Hinweise für die weitere Forschung

In der vorliegenden Arbeit wurden die Anwendungsmöglichkeiten der Hartverchromung für Schmiedegesenke untersucht und deren wirtschaftlicher Einsatz betrachtet. In grundlegenden Versuchen mit ebenen Staucheinsätzen wurde die verschleißgünstigste Hartchromschicht hinsichtlich der Abscheidungsbedingungen und der aufgetragenen Schichtdicke ermittelt. Die Haftfestigkeit und Zähigkeit der Hartchromschicht wurde durch eine angepaßte Wärmenachbehandlung verbessert. Ferner wurde der Einfluß der Rauhtiefe und der Zusammensetzung des Grundwerkstoffes untersucht. Eine anfangs im Obergesenk auftretende Rißbildung konnte durch Abbau der Temperaturdifferenz, d.h. durch Vorwärmen, und durch Veränderung der Abscheidungsbedingungen beseitigt werden.

Sowohl bei den im Versuchsfeld der Forschungsstelle Gesenkschmieden unter der Spindelschlagpresse als auch in Gesenkschmiedebetrieben unter dem Fallhammer durchgeführten weiteren Versuchen wurde in hartverchromten Gesenken etwa die zwei- bis dreifache Standmenge erreicht, sofern nicht die Gesenke aus anderen Gründen (z.B. Rißbildung in Ecken und Kanten, vorzeitige Überschreitung der Maßtoleranz infolge ungenauer Herstellung) vorher erlagen.

Auf Grund der Versuchsergebnisse und -erfahrungen sind im Abschnitt 5 Richtlinien für die notwendige Vorbereitung der Gravuren, die richtige Hartverchromung, die günstigste Wärmenachbehandlung und Anweisungen für den Schmiedebetrieb gegeben.

In einem Nebenversuch wurde der Gleitwiderstand zwischen Schmiedegut und hartverchromten bzw. unverchromten Gesenkoberflächen mit Hilfe des Kegelstauchversuches von SIEBEL annähernd ermittelt.

Wenn auch die vorliegenden Ergebnisse durch Versuchsschmiedungen in Gesenkschmieden noch ergänzt werden müssen, so sind die Untersuchungen doch so weit vorangetrieben, daß die noch zu lösenden Fragen im wesentlichen physikalisch-chemischer Art sind. Noch nicht bekannt ist z.B. die Ursache der großen Härte und das Mikrogefüge von Hartchrom, ferner die Einwirkung der Hartverchromung bzw. der anschließenden Wärmebehandlung auf den Grundwerkstoff. Es gibt Anzeichen, die auf eine Chromdiffusion hinweisen. Weitere Arbeiten sollten daneben der Entwicklung temperaturwechselfesterer

Forschungsberichte des Wirtschafts- und Verkehrsministeriums Nordrhein-Westfalen

Gesenkwerkstoffe dienen, damit auch für tiefe, stark gegliederte Gravuren die Vorteile der Hartverchromung genutzt werden können.

Dr.-Ing. Kurt LANGE, Hannover
Dipl.-Ing. Helmut MEINERT, Osterode
Dr.-Ing.habil. Heinz AREND, Mülheim/Ruhr

7. Literaturverzeichnis

(1)   Einfluß der Oberfläche auf das Verschleißverhalten von Schmiedegesenken. (Bericht Nr. 46 der Forschungsstelle Gesenkschmieden am Institut für Werkzeugmaschinen und Umformtechnik der Technischen Hochschule Hannover, 1955)

(2) LIEBREICH, E.   D.R.P. 448 526 (1924)

(3) FINK, C.G.   U.S.Pat. 1 581 188 (1926)

(4) BILFINGER, R.   Handbuch der elektrolytischen Verchromung (3.Aufl. 1952, Hannover, Fachbuchverlag Siegfried Schulz)

(5) AREND, H. und H.W. DETTMER   Hartchrom - ein Werkstoff der Zukunft (1952, Essen, Verlag W. Girardet)

(6) EILENDER, W., H. AREND und E. SCHMIDTMANN   Gasgehalte von Hartchromschichten (Metalloberfläche 2. Jg. (1948) S. 141/3)

(7) EILENDER, W., H. AREND und E. SCHMIDTMANN   Härte von Hartchromschichten (Metalloberfläche 2. Jg. (1948) S. 49)

(8) WAHL, H. und K. GEBAUER   Verschleißprüfung von Hartchromschichten (Metalloberfläche 2. Jg. (1948) S. 25/37)

(9) EILENDER, W., H. AREND und E. SCHMIDTMANN   Hartchromschichten höchster Verschleißfestigkeit (Metalloberfläche 3. Jg. (1949) S. 57)

(10) EILENDER, W., H. AREND und E. SCHMIDTMANN   Der E-Modul und die Festigkeit von Hartchromschichten (Metalloberfläche 3. Jg. (1949) S.145/7)

(11) EILENDER, W., H. AREND und F. SADRAZIL   Korrosionsuntersuchungen an Hartchromschichten (Metalloberfläche 3. Jg. (1949) S. 32/5)

(12) GEBAUER, K.   Die Hartverchromung des Aluminiums und seiner Legierungen (Archiv für Metallkunde 2. Jg. (1948) S. 172)

(13) EILENDER, W., H. AREND und E. SCHMIDTMANN   Der Einfluß der Wärmebehandlung auf die Härte und die Gasgehalte der Hartchromschichten (Metalloberfläche 2. Jg. (1948) S. 143/5)

(14) WELLINGER, K. und E. KEIL — Verbesserung der Haftfähigkeit von Nickel- und Hartchromschichten und der Wechselfestigkeit vernickelter und verchromter Teile durch Wärmebehandlung (Metalloberfläche 2. Jg. (1948) S. 233/6)

(15) DEHMEL, G. — Wasserstoffsprödigkeit in Hartchromüberzügen und deren Beseitigung (Metallwaren-Industrie und Galvanotechnik (1954) S. 63/4)

(16) SIEBEL, E. und A. POMP — Die Ermittlung der Formänderungsfestigkeit von Metallen durch den Stauchversuch (Mitt. K.W.-Institut für Eisenforschung Abt. 80)

(17) LANGE, K. — Die Arbeitsgenauigkeit beim Gesenkschmieden unter Hämmern (Diss. Technische Hochschule Hannover, (1953) Schriftenreihe des Wirtschafts- und Verkehrsministeriums des Landes Nordrhein-Westfalen, Heft 98)

(18) EILENDER, W., H. AREND und H.W. DETTMER — Die Oberflächengüte hartverchromter Teile (Metalloberfläche A 4. Jg. (1950) S. 69/71)

(19) Der Einfluß der Formänderungsgeschwindigkeit und der Schmiedetemperatur auf die Staucharbeit bei Zylindern aus Stahl und Blei (Bericht Nr. 43 aus der Forschungsstelle Gesenkschmieden am Institut für Werkzeugmaschinen und Umformtechnik der Technischen Hochschule, Hannover, 1954)

FORSCHUNGSBERICHTE
DES WIRTSCHAFTS- UND VERKEHRSMINISTERIUMS
NORDRHEIN-WESTFALEN

Herausgegeben von Staatssekretär Prof. Leo Brandt

HEFT 1
Prof. Dr.-Ing. E. Flegler, Aachen
Untersuchungen oxydischer Ferromagnet-Werkstoffe
1952, 20 Seiten, DM 6,75

HEFT 2
Prof. Dr. W. Fuchs, Aachen
Untersuchungen über absatzfreie Teeröle
1952, 32 Seiten, 5 Abb., 6 Tabellen, DM 10,—

HEFT 3
Techn.-Wissenschaftl. Büro für die Bastfaserindustrie, Bielefeld
Untersuchungsarbeiten zur Verbesserung des Leinenwebstuhls
1952, 44 Seiten, 7 Abb., 3 Tabellen, DM 12,50

HEFT 4
Prof. Dr. E. A. Müller und Dipl.-Ing. H. Spitzer, Dortmund
Untersuchungen über die Hitzebelastung in Hüttebetrieben
1952, 28 Seiten, 5 Abb., 1 Tabelle, DM 9,—

HEFT 5
Dipl.-Ing. W. Fister, Aachen
Prüfstand der Turbinenuntersuchungen
1952, 40 Seiten, 30 Abb., 3 Schaltbilder, DM 1,—

HEFT 6
Prof. Dr. W. Fuchs, Aachen
Untersuchungen über die Zusammensetzung und Verwendbarkeit von Schwelteerfraktionen
1952, 36 Seiten, DM 10.50

HEFT 7
Prof. Dr. W. Fuchs, Aachen
Untersuchungen über emsländisches Petrolatum
1952, 36 Seiten, 1 Abb., 17 Tabellen, DM 10,50

HEFT 8
M. E. Meffert und H. Stratmann, Essen
Algen-Großkulturen im Sommer 1951
1953, 52 Seiten, 4 Abb., 20 Tabellen, DM 9,75

HEFT 9
Techn.-Wissenschaftl. Büro für die Bastfaserindustrie, Bielefeld
Untersuchungen über die zweckmäßige Wicklungsart von Leinengarnkreuzspulen unter Berücksichtigung der Anwendung hoher Geschwindigkeiten des Garnes
Vorversuche für Zetteln und Schären von Leinengarnen auf Hochleistungsmaschinen
1952, 48 Seiten, 7 Abb., 7 Tabellen, DM 9,25

HEFT 10
Prof. Dr. W. Vogel, Köln
„Das Streifenpaar" als neues System zur mechanischen Vergrößerung kleiner Verschiebungen und seine technischen Anwendungsmöglichkeiten
1953, 20 Seiten, 6 Abb., DM 4,50

HEFT 11
Laboratorium für Werkzeugmaschinen und Betriebslehre, Technische Hochschule Aachen
1. Untersuchungen über Metallbearbeitung im Fräsvorgang mit Hartmetallwerkzeugen und negativem Spanwinkel
2. Weiterentwicklung des Schleifverfahrens für die Herstellung von Präzisionswerkstücken unter Vermeidung hoher Temperaturen
3. Untersuchung von Oberflächenveredlungsverfahren zur Steigerung der Belastbarkeit hochbeanspruchter Bauteile
1953, 80 Seiten, 61 Abb., DM 15,75

HEFT 12
Elektrowärme-Institut, Langenberg (Rhld.)
Induktive Erwärmung mit Netzfrequenz
1952, 22 Seiten 6 Abb., DM 5,20

HEFT 13
Techn.-Wissenschaftl. Büro für die Bastfaserindustrie, Bielefeld
Das Naßspinnen von Bastfasergarnen mit chemischen Zusätzen zum Spinnbad
1953, 52 Seiten, 4 Abb., 19 Tabellen, DM 10,—

HEFT 14
Forschungsstelle für Acetylen, Dortmund
Untersuchungen über Aceton als Lösungsmittel für Acetylen
1952, 64 Seiten, 10 Abb., 26 Tabellen, DM 12,25

HEFT 15
Wäschereiforschung Krefeld
Trocknen von Wäschestoffen
1953, 48 Seiten, 14 Abb., 2 Tabellen, DM 9,—

HEFT 16
Max-Planck-Institut für Kohlenforschung, Mülheim a. d. Ruhr
Arbeiten des MPI für Kohlenforschung
1953, 104 Seiten, 9 Abb., DM 17,80

HEFT 17
Ingenieurbüro Herbert Stein, M.-Gladbach
Untersuchung der Verzugsvorgänge in den Streckwerken verschiedener Spinnereimaschinen. 1. Bericht: Vergleichende Prüfung mit verschiedenen Dickenmeßgeräten
1952, 36 Seiten, 15 Abb., DM 8,—

HEFT 18
Wäschereiforschung Krefeld
Grundlagen zur Erfassung der chemischen Schädigung beim Waschen
1953, 68 Seiten, 15 Abb., 15 Tabellen, DM 12,75

HEFT 19
Techn.-Wissenschaftl. Büro für die Bastfaserindustrie, Bielefeld
Die Auswirkung des Schlichtens von Leinengarnketten auf den Verarbeitungswirkungsgrad, sowie die Festigkeit und Dehnungsverhältnisse der Garne und Gewebe
1953, 48 Seiten, 1 Abb., 9 Tabellen, DM 9,—

HEFT 20
Techn.-Wissenschaftl. Büro für die Bastfaserindustrie, Bielefeld
Trocknung von Leinengarnen I
Vorgang und Einwirkung auf die Garnqualität
1953, 62 Seiten, 18 Abb., 5 Tabellen, DM 12,—

HEFT 21
Techn.-Wissenschaftl. Büro für die Bastfaserindustrie, Bielefeld
Trocknung von Leinengarnen II
Spulenanordnung und Luftführung beim Trocknen von Kreuzspulen
1953, 66 Seiten, 22 Abb., 9 Tabellen, DM 13,—

HEFT 22
Techn.-Wissenschaftl. Büro für die Bastfaserindustrie, Bielefeld
Die Reparaturanfälligkeit von Webstühlen
1953, 28 Seiten, 7 Abb., 5 Tabellen, DM 5,80

HEFT 23
Institut für Starkstromtechnik, Aachen
Rechnerische und experimentelle Untersuchungen zur Kenntnis der Metadyne als Umformer von konstanter Spannung auf konstanten Strom
1953, 52 Seiten, 20 Abb., 4 Tafeln, DM 9,75

HEFT 24
Institut für Starkstromtechnik, Aachen
Vergleich verschiedener Generator-Metadyne-Schaltungen in bezug auf statisches Verhalten
1952, 44 Seiten, 23 Abb., DM 8,50

HEFT 25
Gesellschaft für Kohlentechnik mbH., Dortmund-Eving
Struktur der Steinkohlen und Steinkohlen-Kokse
1953, 58 Seiten, DM 11,—

HEFT 26
Techn.-Wissenschaftl. Büro für die Bastfaserindustrie, Bielefeld
Vergleichende Untersuchungen zweier neuzeitlicher Ungleichmäßigkeitsprüfer für Bänder und Garne hinsichtlich ihrer Eignung für die Bastfaserspinnerei
1953, 64 Seiten, 30 Abb., 12 Tabellen, DM 12,50

HEFT 27
Prof. Dr. E. Schratz, Münster
Untersuchungen zur Rentabilität des Arzneipflanzenanbaues Römische Kamille, Anthemis nobilis L.
1953, 16 Seiten, 1 Tabelle, DM 3,60

HEFT 28
Prof. Dr. E. Schratz, Münster
Calendula officinalis L. Studien zur Ernährung, Blütenfüllung und Rentabilität der Drogengewinnung
1953, 24 Seiten, 2 Abb., 3 Tabellen, DM 5,20

HEFT 29
Techn.-Wissenschaftl. Büro für die Bastfaserindustrie, Bielefeld
Die Ausnützung der Leinengarne in Geweben
1953, 100 Seiten, 14 Abb., 10 Tabellen, DM 17,80

HEFT 30
Gesellschaft für Kohlentechnik mbH., Dortmund-Eving
Kombinierte Entaschung und Verschwelung von Steinkohle; Aufarbeitung von Steinkohlenschlämmen zu verkokbarer oder verschwelbarer Kohle
1953, 56 Seiten, 16 Abb., 10 Tabellen, DM 10,50

HEFT 31
Dipl.-Ing. A. Stormanns, Essen
Messung des Leistungsbedarfs von Doppelsteg-Kettenförderern
1954, 54 Seiten, 18 Abb., 3 Anlagen, DM 11,—

HEFT 32
Techn.-Wissenschaftl. Büro für die Bastfaserindustrie, Bielefeld
Der Einfluß der Natriumchloridbleiche auf Qualität und Verwebbarkeit von Leinengarnen und die Eigenschaften der Leinengewebe unter besonderer Berücksichtigung des Einsatzes von Schützen- und Spulenwechselautomaten in der Leinenweberei
1953, 64 Seiten, 2 Abb., 12 Tabellen, DM 11,50

HEFT 33
Kohlenstoffbiologische Forschungsstation e. V.
Eine Methode zur Bestimmung von Schwefeldioxyd und Schwefelwasserstoff in Rauchgasen und in der Atmosphäre
1953, 32 Seiten, 8 Abb., 3 Tabellen, DM 6.50

HEFT 34
Textilforschungsanstalt Krefeld
Quellungs- und Entquellungsvorgänge bei Faserstoffen
1953, 52 Seiten, 13 Abb., 13 Tabellen, DM 9,80

WESTDEUTSCHER VERLAG · KÖLN UND OPLADEN

HEFT 35
Professor Dr. W. Kast, Krefeld
Feinstrukturuntersuchungen an künstlichen Zellulosefasern verschiedener Herstellungsverfahren.
Teil 1: Der Orientierungszustand
1953, 74 Seiten, 30 Abb., 7 Tabellen, DM 13,80

HEFT 36
Forschungsinstitut der feuerfesten Industrie, Bonn
Untersuchungen über die Trocknung von Rohton
Untersuchungen über die chemische Reinigung von Silika- und Schamotte-Rohstoffen mit chlorhaltigen Gasen
1953, 60 Seiten, 5 Abb., 5 Tabellen, DM 11,—

HEFT 37
Forschungsinstitut der feuerfesten Industrie, Bonn
Untersuchungen über den Einfluß der Probenvorbereitung auf die Kaltdruckfestigkeit feuerfester Steine
1953, 40 Seiten, 2 Abb., 5 Tabellen, DM 7,80

HEFT 38
Forschungsstelle für Acetylen, Dortmund
Untersuchungen über die Trocknung von Acetylen zur Herstellung von Dissousgas
1953, 36 Seiten, 11 Abb., 3 Tabellen, DM 6,80

HEFT 39
Forschungsgesellschaft Blechverarbeitung e. V., Düsseldorf
Untersuchungen an prägegemusterten und vorgelochten Blechen
1953, 46 Seiten, 34 Abb., DM 9,50

HEFT 40
Landesgeologe Dr.-Ing. W. Wolff, Amt für Bodenforschung, Krefeld
Untersuchungen über die Anwendbarkeit geophysikalischer Verfahren zur Untersuchung von Spateisengängen im Siegerland
1953, 46 Seiten, 8 Abb., DM 8,80

HEFT 41
Techn.-Wissenschaftl. Büro für die Bastfaserindustrie, Bielefeld
Untersuchungsarbeiten zur Verbesserung des Leinenwebstuhles II
1953, 40 Seiten, 4 Abb., 5 Tabellen, DM 7,80

HEFT 42
Professor Dr. B. Helferich, Bonn
Untersuchungen über Wirkstoffe — Fermente — in der Kartoffel und die Möglichkeit ihrer Verwendung
1953, 58 Seiten, 9 Abb., DM 11,—

HEFT 43
Forschungsgesellschaft Blechverarbeitung e. V., Düsseldorf
Forschungsergebnisse über das Beizen von Blechen
1953, 48 Seiten, 38 Abb., 2 Tabellen, DM 11,30

HEFT 44
Arbeitsgemeinschaft für praktische Dehnungsmessung, Düsseldorf
Eigenschaften und Anwendungen von Dehnungsmeßstreifen
1953, 68 Seiten, 43 Abb., 2 Tabellen, DM 13,70

HEFT 45
Losenhausenwerk Düsseldorfer Maschinenbau AG., Düsseldorf
Untersuchungen von störenden Einflüssen auf die Lastgrenzenanzeige von Dauerschwingprüfmaschinen
1953, 36 Seiten, 11 Abb., 3 Tabellen, DM 7,25

HEFT 46
Prof. Dr. W. Fuchs, Aachen
Untersuchungen über die Aufbereitung von Wasser für die Dampferzeugung in Benson-Kesseln
1953, 58 Seiten, 18 Abb., 9 Tabellen, DM 11,20

HEFT 47
Prof. Dr.-Ing. K. Krekeler, Aachen
Versuche über die Anwendung der induktiven Erwärmung zum Sintern von hochschmelzenden Metallen sowie zur Anlegierung und Vergütung von aufgespritzten Metallschichten mit dem Grundwerkstoff
1954, 66 Seiten, 39 Abb., DM 13,90

HEFT 48
Max-Planck-Institut für Eisenforschung, Düsseldorf
Spektrochemische Analyse der Gefügebestandteile in Stählen nach ihrer Isolierung
1953, 38 Seiten, 8 Abb., 5 Tabellen, DM 7,80

HEFT 49
Max-Planck-Institut für Eisenforschung, Düsseldorf
Untersuchungen über Ablauf der Desoxydation und die Bildung von Einschlüssen in Stählen
1953, 52 Seiten, 19 Abb., 3 Tabellen, DM 12,40

HEFT 50
Max-Planck-Institut für Eisenforschung, Düsseldorf
Flammenspektralanalytische Untersuchung der Ferritzusammensetzung in Stählen
1953, 44 Seiten, 15 Abb., 4 Tabellen, DM 8,60

HEFT 51
Verein zur Förderung von Forschungs- und Entwicklungsarbeiten in der Werkzeugindustrie e. V., Remscheid
Untersuchungen an Kreissägeblättern für Holz, Fehler- und Spannungsprüfverfahren
1953, 50 Seiten, 23 Abb., DM 10,—

HEFT 52
Forschungsstelle für Acetylen, Dortmund
Untersuchungen über den Umsatz bei der explosiblen Zersetzung von Azetylen
a) Zersetzung von gasförmigem Azetylen
b) Zersetzung von an Silikagel adsorbiertem Azetylen
1954, 48 Seiten, 8 Abb., 10 Tabellen, DM 9,25

HEFT 53
Professor Dr.-Ing. H. Opitz, Aachen
Reibwert und Verschleißmessungen an Kunststoffgleitführungen für Werkzeugmaschinen
1954, 38 Seiten, 18 Abb., DM 8,20

HEFT 54
Professor Dr.-Ing. F. A. F. Schmidt, Aachen
Schaffung von Grundlagen für die Erhöhung der spez. Leistung und Herabsetzung des spez. Brennstoffverbrauches bei Ottomotoren mit Teilbericht über Arbeiten an einem neuen Einspritzverfahren
1954, 34 Seiten, 15 Abb., DM 7,40

HEFT 55
Forschungsgesellschaft Blechverarbeitung e. V. Düsseldorf
Chemisches Glänzen von Messing und Neusilber
1954, 50 Seiten, 21 Abb., 1 Tabelle, DM 10,20

HEFT 56
Forschungsgesellschaft Blechverarbeitung e. V., Düsseldorf
Untersuchungen über einige Probleme der Behandlung von Blechoberflächen
1954, 52 Seiten, 42 Abb., DM 11,20

HEFT 57
Prof. Dr.-Ing. F. A. F. Schmidt, Aachen
Untersuchungen zur Erforschung des Einflusses des chemischen Aufbaues des Kraftstoffes auf sein Verhalten im Motor und in Brennkammern von Gasturbinen
1954, 70 Seiten, 32 Abb., DM 14,60

HEFT 58
Gesellschaft für Kohlentechnik mbH., Dortmund
Herstellung und Untersuchung von Steinkohlenschwelteer
1954, 74 Seiten, 9 Abb., 9 Tabellen, DM 13,75

HEFT 59
Forschungsinstitut der Feuerfest-Industrie e. V., Bonn
Ein Schnellanalysenverfahren zur Bestimmung von Aluminiumoxyd, Eisenoxyd und Titanoxyd in feuerfestem Material mittels organischer Farbreagenzien auf photometrischem Wege
Untersuchungen des Alkali-Gehaltes feuerfester Stoffe mit dem Flammenphotometer nach Riehm-Lange
1954, 62 Seiten, 12 Abb., 3 Tabellen, DM 11,60

HEFT 60
Forschungsgesellschaft Blechverarbeitung e. V., Düsseldorf
Untersuchungen über das Spritzlackieren im elektrostatischen Hochspannungsfeld
1954, 82 Seiten, 53 Abb., 7 Tabellen, DM 17,—

HEFT 61
Verein zur Förderung von Forschungs- und Entwicklungsarbeiten in der Werkzeugindustrie e. V., Remscheid
Schwingungs- und Arbeitsverhalten von Kreissägeblättern für Holz
1954, 54 Seiten, 31 Abb., DM 11,40

HEFT 62
Professor Dr. W. Franz, Institut für theoretische Physik der Universität Münster
Berechnung des elektrischen Durchschlags durch feste und flüssige Isolatoren
1954, 36 Seiten, DM 7,—

HEFT 63
Textilforschungsanstalt Krefeld
Neue Methoden zur Untersuchung der Wirkungsweise von Textilhilfsmitteln
Untersuchungen über Schlichtungs- und Entschlichtungsvorgänge
1954, 34 Seiten, 1 Abb., 5 Tabellen, DM 6,80

HEFT 64
Textilforschungsanstalt Krefeld
Die Kettenlängenverteilung von hochpolymeren Faserstoffen
Über die fraktionierte Fällung von Polyamiden
1954, 44 Seiten, 13 Abb., DM 8,60

HEFT 65
Fachverband Schneidwarenindustrie, Solingen
Untersuchungen über das elektrolytische Polieren von Tafelmesserklingen aus rostfreiem Stahl
1954, 90 Seiten, 38 Abb., 9 Tabellen, DM 17,35

HEFT 66
Dr.-Ing. P. Füsgen VDI †, Düsseldorf
Untersuchungen über das Auftreten des Ratterns bei selbsthemmenden Schneckengetrieben und seine Verhütung
1954, 32 Seiten, 5 Abb., DM 6,60

HEFT 67
Heinrich Wösthoff o. H. G., Apparatebau, Bochum
Entwicklung einer chemisch-physikalischen Apparatur zur Bestimmung kleinster Kohlenoxyd-Konzentrationen
1954, 94 Seiten, 48 Abb., 2 Tabellen, DM 18,25

HEFT 68
Kohlenstoffbiologische Forschungsstation e. V., Essen
Algengroßkulturen im Sommer 1952
II. Über die unsterile Großkultur von Scenedesmus obliquus
1954, 62 Seiten, 3 Abb., 29 Tabellen, DM 11,40

HEFT 69
Wäschereiforschung Krefeld
Bestimmung des Faserabbaues bei Leinen unter besonderer Berücksichtigung der Leinengarnbleiche
1954, 48 Seiten, 15 Abb., 3 Tabellen, DM 9,60

HEFT 70
Wäschereiforschung Krefeld
Trocknen von Wäschestoffen
1954, 52 Seiten, 18 Abb., 3 Tabellen, DM 10,—

HEFT 71
Prof. Dr.-Ing. K. Leist, Aachen
Kleingasturbinen, insbesondere zum Fahrzeugantrieb
1954, 114 Seiten, 85 Abb., DM 22,—

HEFT 72
Prof. Dr.-Ing. K. Leist, Aachen
Beitrag zur Untersuchung von stehenden geraden Turbinengittern mit Hilfe von Druckverteilungsmessungen
1954, 152 Seiten, 111 Abb., DM 36,20

HEFT 73
Prof. Dr.-Ing. K. Leist, Aachen
Spannungsoptische Untersuchungen von Turbinenschaufelfüßen
1954, 66 Seiten, 46 Abb., 2 Tabellen, DM 14,60

HEFT 74
Max-Planck-Institut für Eisenforschung, Düsseldorf
Versuche zur Klärung des Umwandlungsverhaltens eines sonderkarbidbildenden Chromstahls
1954, 58 Seiten, 10 Abb., DM 14,—

HEFT 75
Max-Planck-Institut für Eisenforschung, Düsseldorf
Zeit-Temperatur-Umwandlungs-Schaubilder als Grundlage der Wärmebehandlung der Stähle
1954, 44 Seiten, 13 Abb., DM 8,70

HEFT 76
Max-Planck-Institut für Arbeitsphysiologie, Dortmund
Arbeitstechnische und arbeitsphysiologische Rationalisierung von Mauersteinen
1954, 52 Seiten, 12 Abb., 3 Tabellen, DM 10,20

HEFT 77
Meteor Apparatebau Paul Schmeck GmbH., Siegen
Entwicklung von Leuchtstoffröhren hoher Leistung
1954, 46 Seiten, 12 Abb., 2 Tabellen, DM 9,15

HEFT 78
Forschungsstelle für Acetylen, Dortmund
Über die Zustandsgleichung des gasförmigen Acetylens und das Gleichgewicht Acetylen — Aceton
1954, 42 Seiten, 3 Abb., 8 Tabellen, DM 8,—

HEFT 79
Techn.-Wissenschaftl. Büro für die Bastfaserindustrie, Bielefeld
Trocknung von Leinengarnen III
Spinnspulen- und Spinnkopstrocknung
Vorgang und Einwirkung auf die Garnqualität
1954, 74 Seiten, 18 Abb., 10 Tabellen, DM 14,—

WESTDEUTSCHER VERLAG · KÖLN UND OPLADEN

HEFT 80
Techn.-Wissenschaftl. Büro für die Bastfaserindustrie, Bielefeld
Die Verarbeitung von Leinengarn auf Webstühlen mit und ohne Oberbau
1954, 30 Seiten, 2 Abb., 2 Tabellen, DM 6,—

HEFT 81
Prüf- und Forschungsinstitut für Ziegeleierzeugnisse, Essen-Kray
Die Einführung des großformatigen Einheits-Gitterziegels im Lande Nordrhein-Westfalen
1954, 54 Seiten, 2 Abb., 2 Tabellen, DM 10,—

HEFT 82
Vereinigte Aluminium-Werke AG., Bonn
Forschungsarbeiten auf dem Gebiet der Veredelung von Aluminium-Oberflächen
1954, 46 Seiten, 34 Abb., DM 9,60

HEFT 83
Prof. Dr. S. Strugger, Münster
Über die Struktur der Proplastiden
1954, 30 Seiten, 15 Abb., DM 8,40

HEFT 84
Dr. H. Baron, Düsseldorf
Über Standardisierung von Wundtextilien
1954, 32 Seiten, DM 6,40

HEFT 85
Textilforschungsanstalt Krefeld
Physikalische Untersuchungen an Fasern, Fäden, Garnen und Geweben:
Untersuchungen am Knickscheuergerät nach Weltzien
1954, 40 Seiten, 11 Abb., 8 Tabellen, DM 10,—

HEFT 86
Prof. Dr.-Ing. H. Opitz, Aachen
Untersuchungen über das Fräsen von Baustahl sowie über den Einfluß des Gefüges auf die Zerspanbarkeit
1954, 108 Seiten, 73 Abb., 7 Tabellen, DM 22,—

HEFT 87
Gemeinschaftsausschuß Verzinken, Düsseldorf
Untersuchungen über Güte von Verzinkungen
1954, 68 Seiten, 56 Abb., 3 Tabellen, DM 15,30

HEFT 88
Gesellschaft für Kohlentechnik mbH., Dortmund-Eving
Oxydation von Steinkohle mit Salpetersäure
1954, 62 Seiten, 2 Abb., 1 Tabelle, DM 11,50

HEFT 89
Verein Deutscher Ingenieure, Gleitlagerforschung, Düsseldorf und Prof. Dr.-Ing. G. Vogelpohl, Göttingen
Versuche mit Preßstoff-Lagern für Walzwerke
1954, 70 Seiten, 34 Abb., DM 14,10

HEFT 90
Forschungs-Institut der Feuerfest-Industrie, Bonn
Das Verhalten von Silikasteinen im Siemens-Martin-Ofengewölbe
1954, 62 Seiten, 15 Abb., 11 Tabellen, DM 11,90

HEFT 91
Forschungs-Institut der Feuerfest-Industrie, Bonn
Untersuchungen des Zusammenhangs zwischen Leistung und Kohlenverbrauch von Kammeröfen zum Brennen von feuerfesten Materialien
1954, 42 Seiten, 6 Abb., DM 8,30

HEFT 92
Techn.-Wissenschaftl. Büro für die Bastfaserindustrie, Bielefeld und Laboratorium für textile Meßtechnik, M.-Gladbach
Messungen von Vorgängen am Webstuhl
1954, 76 Seiten, 45 Abb., DM 15,50

HEFT 93
Prof. Dr. W. Kast, Krefeld
Spinnversuche zur Strukturerfassung künstlicher Zellulosefasern
1954, 82 Seiten, 39 Abb., 6 Tabellen, DM 16,—

HEFT 94
Prof. Dr. G. Winter, Bonn
Die Heilpflanzen des MATTHIOLUS (1611) gegen Infektionen der Harnwege und Verunreinigung der Wunden bzw. zur Förderung der Wundheilung im Lichte der Antibiotikaforschung
1954, 58 Seiten, 1 Abb., 2 Tabellen, DM 11,50

HEFT 95
Prof. Dr. G. Winter, Bonn
Untersuchungen über die flüchtigen Antibiotika aus der Kapuziner- (Tropaeolum maius) und Gartenkresse (Lepidium sativum) und ihr Verhalten im menschlichen Körper bei Aufnahme von Kapuziner- bzw. Gartenkressensalat per os
1955, 74 Seiten, 9 Abb., 25 Tabellen, DM 14,—

HEFT 96
Dr.-Ing. P. Koch, Dortmund
Austritt von Exoelektronen aus Metalloberflächen unter Berücksichtigung der Verwendung des Effektes für die Materialprüfung
1954, 34 Seiten, 13 Abb., DM 7,—

HEFT 97
Ing. H. Stein, Laboratorium für textile Meßtechnik, M.-Gladbach
Untersuchung der Verzugsvorgänge an den Streckwerken verschiedener Spinnereimaschinen
2. Bericht: Ermittlung der Haft-Gleiteigenschaften von Faserbändern und Vorgarnen
1955, 98 Seiten, 54 Abb., DM 21,—

HEFT 98
Fachverband Gesenkschmieden, Hagen
Die Arbeitsgenauigkeit beim Gesenkschmieden unter Hämmern
1955, 132 Seiten, 55 Abb., 9 Tabellen, DM 24,75

HEFT 99
Prof. Dr.-Ing. G. Garbotz, Aachen
Der Kraft- und Arbeitsaufwand sowie die Leistungen beim Biegen von Bewehrungsstählen in Abhängigkeit von den Abmessungen, den Formen und der Güte der Stähle (Ermittlung von Leistungsrichtlinien)
1955, 136 Seiten, 53 Abb., 3 Anlagen, 18 Tabellen, DM 30,—

HEFT 100
Prof. Dr.-Ing. H. Opitz, Aachen
Untersuchungen von elektrischen Antrieben, Steuerungen und Regelungen an Werkzeugmaschinen
1955, 166 Seiten, 71 Abb., 3 Tabellen, DM 31,30

HEFT 101
Prof. Dr.-Ing. H. Opitz, Aachen
Wirtschaftlichkeitsbetrachtungen beim Außenrundschleifen
1955, 100 Seiten, 56 Abb., 3 Tabellen, DM 19,30

HEFT 102
Dr. P. Hölemann, Ing. R. Hasselmann und Ing. G. Dix, Dortmund
Untersuchungen über die thermische Zündung von explosiblen Acetylenzersetzungen in Kapillaren
1954, 44 Seiten, 5 Abb., 4 Tabellen, DM 8,60

HEFT 103
Prof. Dr. W. Weizel, Bonn
Durchführung von experimentellen Untersuchungen über den zeitlichen Ablauf von Funken in komprimierten Edelgasen sowie zu deren mathematischen Berechnung
1955, 46 Seiten, 12 Abb., DM 9,10

HEFT 104
Prof. Dr. W. Weizel, Bonn
Über den Einfluß der Elektroden auf die Eigenschaften von Cadmium-Sulfid-Widerstands-Photozellen
1955, 48 Seiten, 12 Abb., DM 9,45

HEFT 105
Dr.-Ing. R. Meldau, Harsewinkel/Westf.
Auswertung von Gekörn — Analysen des Musterstaubes „Flugasche Fortuna I"
1955, 42 Seiten, 14 Abb., DM 8,50

HEFT 106
ORR. Dr.-Ing. W. Küch, Dortmund
Untersuchungen über die Einwirkung von feuchtigkeitsgesättigter Luft auf die Festigkeit von Leimverbindungen
1954, 60 Seiten, 10 Abb., 6 Tabellen, DM 11,40

HEFT 107
Prof. Dr. H. Lange und Dipl.-Phys. P. St. Pütter, Köln
Über die Konstruktion von Laboratoriumsmagneten
1955, 66 Seiten, 19 Abb., 1 Tabelle, DM 12,30

HEFT 108
Prof. Dr. W. Fuchs, Aachen
Untersuchungen über neue Beizmethoden und Beizabwässer
I. Die Entzunderung von Drähten mit Natriumhydrid
II. Die Aufbereitung von Beizabwässern
1955, 82 Seiten, 15 Abb., 14 Tabellen, 1 Falttafel, DM 15,25

HEFT 109
Dr. P. Hölemann und Ing. R. Hasselmann, Dortmund
Untersuchungen über die Löslichkeit von Azetylen in verschiedenen organischen Lösungsmitteln
1954, 42 Seiten, 10 Abb., 8 Tabellen, DM 8,30

HEFT 110
Dr. P. Hölemann und Ing. R. Hasselmann, Dortmund
Untersuchungen über den Druckverlauf bei der explosiblen Zersetzung von gasförmigem Azetylen
1955, 54 Seiten, 10 Abb., 5 Tabellen, DM 11,—

HEFT 111
Fachverband Steinzeugindustrie, Köln
Die Entwicklung eines Gerätes zur Beschickung seitlicher Feuer von Steinzeug-Einzelkammeröfen mit festen Brennstoffen
1955, 46 Seiten, 16 Abb., DM 9,40

HEFT 112
Prof. Dr.-Ing. H. Opitz, Aachen
Verschleißmessungen beim Drehen mit aktivierten Hartmetallwerkzeugen
1954, 44 Seiten, 17 Abb., 6 Tabellen, DM 8,80

HEFT 113
Prof. Dr. O. Graf, Dortmund
Erforschung der geistigen Ermüdung und nervösen Belastung: Studien über die vegetative 24-Stunden-Rhythmik in Ruhe und unter Belastung
1955, 40 Seiten, 12 Abb., DM 8,20

HEFT 114
Prof. Dr. O. Graf, Dortmund
Studien über Fließarbeitsprobleme an einer praxisnahen Experimentieranlage
1954, 34 Seiten, 6 Abb., DM 7,—

HEFT 115
Prof. Dr. O. Graf, Dortmund
Studium über Arbeitspausen in Betrieben bei freier und zeitgebundener Arbeit (Fließarbeit) und ihre Auswirkung auf die Leistungsfähigkeit
1955, 50 Seiten, 13 Abb., 2 Tabellen, DM 9,80

HEFT 116
Prof. Dr.-Ing. E. Siebel und Dr.-Ing. H. Weiss, Stuttgart
Untersuchungen an einigen Problemen des Tiefziehens — I. Teil
1955, 74 Seiten, 50 Abb., 5 Tabellen, DM 14,50

HEFT 117
Dr.-Ing. H. Beißwänger, Stuttgart, und Dr.-Ing. S. Schwandt, Trier
Untersuchungen an einigen Problemen des Tiefziehens — II. Teil
1955, 92 Seiten, 34 Abb., 8 Tabellen, DM 17,70

HEFT 118
Prof. Dr. E. A. Müller und Dr. H. G. Wenzel, Dortmund
Neuartige Klima-Anlage zur Erzeugung ungleicher Luft- und Strahlungstemperaturen in einem Versuchsraum
1955, 68 Seiten, 10 z. T. mehrfarb. Abb., DM 14,—

HEFT 119
Dr.-Ing. O. Viertel, Krefeld
Wäscherei- und energietechnische Untersuchung einer Gemeinschafts-Waschanlage
1955, 50 Seiten, 18 Abb., DM 10,20

HEFT 120
Dipl.-Ing. A. Weisbecker, Lüdenscheid
Über Anfressung an Reinstaluminium-Schweißnähten bei der elektrolytischen Oxydation
Gebr. Hörstermann GmbH., Velbert
Entwicklung und Erprobung eines neuartigen Gummibandförderers
1955, 46 Seiten, 18 Abb., DM 9,70

HEFT 121
Dr. H. Krebs, Bonn
I. Die Struktur und die Eigenschaften der Halbmetalle
II. Die Bestimmung der Atomverteilung in amorphen Substanzen
III. Die chemische Bindung in anorganischen Festkörpern und das Entstehen metallischer Eigenschaften
1955, 124 Seiten, 36 Abb., 13 Tabellen, DM 22,90

HEFT 122
Prof. Dr. W. Fuchs, Aachen
Untersuchungen zur Verbesserung der Wasseraufbereitung und Wasseranalyse:
Über die Schnellbewertung von Ionenaustauscher
1955, 62 Seiten, 32 Abb., DM 12,30

HEFT 123
Dipl.-Ing. J. Emondts, Aachen
Über Bodenverformungen bei stark gestörtem und mächtigem, wasserführendem Deckgebirge im Aachener Steinkohlengebiet
1955, 196 Seiten, 37 Abb., 10 Tabellen, DM 28,80

HEFT 124
Prof. Dr. R. Seyffert, Köln
Wege und Kosten der Distribution der Hausratwaren im Lande Nordrhein-Westfalen
1955, 74 Seiten, 25 Tabellen, DM 9,—

WESTDEUTSCHER VERLAG · KÖLN UND OPLADEN

HEFT 125
Prof. Dr. E. Kappler, Münster
Eine neue Methode zur Bestimmung von Kondensations-Koeffizienten von Wasser
1955, 46 Seiten, 11 Abb., 1 Tabelle, DM 9,10

HEFT 126
Prof. Dr.-Ing. J. Mathieu, Aachen
Arbeitszeitvergleich
Grundlagen, Methodik und praktische Durchführung
1955, 70 Seiten, DM 13,—

HEFT 127
Güteschutz Betonstein e. V.,
Arbeitskreis Nordrhein-Westfalen, Dortmund
Die Betonwaren-Gütesicherung im Lande Nordrhein-Westfalen
1955, 58 Seiten, 15 Abb., 3 Tabellen, DM 11,50

HEFT 128
Prof. Dr. O. Schmitz-DuMont, Bonn
Untersuchungen über Reaktionen in flüssigem Ammoniak
1955, 96 Seiten, 11 Abb., 6 Tabellen, DM 17,75

HEFT 129
Prof. Dr.-Ing. J. Mathieu und Dr. C. A. Roos, Aachen
Die Anlernung von Industriearbeitern
I. Ergebnisse einer grundsätzlichen Untersuchung der gegenwärtigen Industriearbeiter-Kurzanlernung
1955, 106 Seiten, DM 19,70

HEFT 130
Prof. Dr.-Ing. J. Mathieu und Dr. C. A. Roos, Aachen
Die Anlernung von Industriearbeitern
II. Beiträge zur Methodenfrage der Kurzanlernung
1955, 108 Seiten, DM 19,90

HEFT 131
Dr. W. Hoerburger, Köln
Versuche zur Biosynthese von Eiweiß aus Kohlenwasserstoff
1955, 34 Seiten, 2 Abb., DM 6,90

HEFT 132
Prof. Dr. W. Seith, Münster
Über Diffusionserscheinungen in festen Metallen
1955, 42 Seiten, 19 Abb., 4 Tabellen, DM 9,10

HEFT 133
Prof. Dr. E. Jenckel, Aachen
Über einen für Schwermetalle selektiven Ionenaustauscher
1955, 48 Seiten, 8 Abb., 13 Tabellen, DM 9,50

HEFT 134
Prof. Dr.-Ing. H. Winterhager, Aachen
Über die elektrochemischen Grundlagen der Schmelzfluß-Elektrolyse von Bleisulfid in geschmolzenen Mischungen mit Bleichlorid
1955, 54 Seiten, 20 Abb., 5 Tabellen, DM 11,80

HEFT 135
Prof. Dr.-Ing. K. Krekeler und Dr.-Ing. H. Peukert, Aachen
Die Änderung der mechanischen Eigenschaften thermoplastischer Kunststoffe durch Warmrecken
1955, 54 Seiten, 27 Abb., DM 11,10

HEFT 136
Dipl.-Phys. P. Pilz, Remscheid
Über spezielle Probleme der Zerkleinerungstechnik von Weichstoffen
1955, 58 Seiten, 19 Abb., 2 Tabellen, DM 11,50

HEFT 137
Prof. Dr. W. Baumeister, Münster
Beiträge zur Mineralstoffernährung der Pflanzen
1955, 64 Seiten, 6 Tabellen, DM 11,80

HEFT 138
Dr. P. Hölemann und Ing. R. Hasselmann, Dortmund
Untersuchungen über die Zersetzungswärme von gasförmigem und in Azeton gelöstem Azetylen
1955, 54 Seiten, 8 Abb., 7 Tabellen, DM 10,40

HEFT 139
Prof. Dr. W. Fuchs, Aachen
Studien über die thermische Zersetzung der Kohle und die Kohlendestillatprodukte
1955, 64 Seiten, 20 Abb., 22 Tabellen, DM 11,80

HEFT 140
Dr.-Ing. G. Hausberg, Essen
Modellversuche an Zyklonen
1955, 78 Seiten, 24 Abb., DM 15,70

HEFT 141
Dr. J. van Calker und Dr. R. Wienecke, Münster
Untersuchungen über den Einfluß dritter Analysenpartner auf die spektrochemische Analyse
1955, 42 Seiten, 15 Abb., DM 9,10

HEFT 142
Dipl.-Ing. G. M. F. Wiebel, Hannover, A. Konermann und A. Ottenheym, Sennelager
Entwicklung eines Kalksandleichtsteines
1955, 38 Seiten, 4 Abb., DM 8,—

HEFT 143
Prof. Dr. F. Wever, Dr. A. Rose und Dipl.-Ing. W. Straßburg, Düsseldorf
Härtbarkeit und Umwandlungsverhalten der Stähle
1955, 50 Seiten, 12 Abb., 3 Tabellen, DM 10,70

HEFT 144
Prof. Dr. H. Wurmbach, Bonn
Steuerung von Wachstum und Formbildung
1955, 48 Seiten, 19 Abb., DM 10,30

HEFT 145
Dr. G. Hennemann, Werdohl (Westf.)
Beitrag zur Interpretation der modernen Atomphysik
1955, 34 Seiten, DM 10,—

HEFT 146
Dr.-Ing. F. Gruß, Düsseldorf
Sterilisation mit Heißluft
1955, 34 Seiten, 10 Abb., DM 7,70

HEFT 147
Dr.-Ing. W. Rudisch, Unna
Untersuchung einer drehelastischen Elektromagnet-Synchronkupplung
1955, 82 Seiten, 65 Abb., DM 17,70

HEFT 148
Prof. Dr. H. Bittel u. Dipl.-Phys. L. Storm, Münster
Untersuchungen über Widerstandsrauschen
1955, 40 Seiten, 5 Abb., DM 8,40

HEFT 149
Dipl.-Ing. K. Konopicky und Dipl.-Chem. P. Kampa, Bonn
I. Beitrag zur flammenphotometrischen Bestimmung des Calciums.
Dr.-Ing. K. Konopicky, Bonn
II. Die Wanderung von Schlackenbestandteilen in feuerfesten Baustoffen
1955, 54 Seiten, 10 Abb., 5 Tabellen, DM 11,—

HEFT 150
Prof. Dr.-Ing. O. Kienzle und Dipl.-Ing. W. Timmerbeil, Hannover
Das Durchziehen enger Kragen an ebenen Fein- und Mittelblechen
1955, 52 Seiten, 20 Abb., 8 Tabellen, DM 11,30

HEFT 151
Dipl.-Ing. P. Karabasch, Aachen
Feststellung des optimalen Gasgehaltes von Bronzen zur Erzielung druckdichter Gußstücke
1956, 64 Seiten, 31 Abb., 5 Tabellen, DM 13,90

HEFT 152
Dipl.-Ing. G. Müller, Köln
Ermittlung der Laufeigenschaften (Vergießbarkeit) von Bronze und Rotguß mittels der Schneider-Gießspirale
1955, 60 Seiten, 33 Abb., DM 13,30

HEFT 153
Prof. Dr. F. Wever, Dr.-Ing. W. A. Fischer und Dipl.-Ing. J. Engelbrecht, Düsseldorf
I. Die Reduktion sauerstoffhaltiger Eisenschmelzen im Hochvakuum mit Wasserstoff und Kohlenstoff
II. Einfluß geringer Sauerstoffgehalte auf das Gefüge und Alterungsverhalten von Reineisen
1955, 48 Seiten, 15 Abb., 2 Tabellen, DM 12,40

HEFT 154
Prof. Dr.-Ing. P. Bardenheuer und Dr.-Ing. W. A. Fischer, Düsseldorf
Die Verschlackung von Titan aus Stahlschmelzen im sauren und basischen Hochfrequenzofen unter verschiedenen Schlacken
1955, 36 Seiten, 10 Abb., 1 Tabelle, DM 7,95

HEFT 155
Dipl.-Phys. K. H. Schirmer, München
Die auf Grau abgestimmte Farbwiedergabe im Dreifarbenbuchdruck
1955, 46 Seiten, 17 Abb., 2 Farbtafeln, DM 10,—

HEFT 156
Prof. Dr.-Ing. B. von Borries und Mitarbeiter, Düsseldorf
Die Entwicklung regelbarer permanentmagnetischer Elektronenlinsen hoher Brechkraft und eines mit ihnen ausgerüsteten Elektronenmikroskopes neuer Bauart
1956, 102 Seiten, 52 Abb., DM 22,55

HEFT 157
Dr. W. Jawtusch, Dr. G. Schuster und Prof. Dr.-Ing. R. Jaeckel, Bonn
Untersuchungen über die Stoßvorgänge zwischen neutralen Atomen und Molekülen
1955, 48 Seiten, 15 Abb., 3 Tabellen, DM 10,50

HEFT 158
Dipl.-Ing. W. Rosenkranz, Meinerzhagen
Ein Beitrag zum Problem der Spannungskorrosion bei Preßprofilen und Preßteilen aus Aluminium-Legierungen
1956, 112 Seiten, 61 Abb., 5 Tabellen, DM 27,40

HEFT 159
Dr.-Ing. O. Viertel und O. Oldenroth, Krefeld
Das Bleichen von Weißwäsche mit Wasserstoffsuperoxyd bzw. Natriumhypochlorit beim maschinellen Waschen
1955, 54 Seiten, 23 Abb., 2 Tabellen, DM 11,45

HEFT 160
Prof. Dr. W. Klemm, Münster
Über neue Sauerstoff- und Fluor-haltige Komplexe
1955, 50 Seiten, 13 Abb., 7 Tabellen, DM 10,80

HEFT 161
Prof. Dr. W. Weltzien und Dr. G. Hauschild, Krefeld
Über Silikone und ihre Anwendung in der Textilveredlung
1955, 162 Seiten, 22 Abb., 10 Tabellen, DM 27,—

HEFT 162
Prof. Dr. F. Wever, Prof. Dr. A. Kochendörfer und Dr.-Ing. Chr. Rohrbach, Düsseldorf
Kennzeichnung der Sprödbruchneigung von Stählen durch Messung der Fließspannung, Reißspannung und Brucheinschnürung an dreiachsig beanspruchten Proben
1955, 58 Seiten, 26 Abb., DM 13,—

HEFT 163
Dipl.-Ing. W. Rohs und Text.-Ing. H. Griese, Bielefeld
Untersuchungsarbeiten zur Verbesserung des Leinenwebstuhls III
1955, 80 Seiten, 15 Abb., 18 Tabellen, DM 15,80

HEFT 164
Dr.-Ing. H. Schmachtenberg, Köln
Neuartige Prüfeinrichtungen für Kraftfahrzeuge
1955, 44 Seiten, 23 Abb., DM 9,60

HEFT 165
Dr.-Ing. W. Wilhelm, Aachen
Instationäre Gasströmung im Auspuffsystem eines Zweitaktmotors
1955, 62 Seiten, 31 Abb., 8 Tabellen, DM 13,60

HEFT 166
Prof. Dr. M. v. Stackelberg, Dr. H. Heindze, Dr. H. Hübschke und Dr. K. H. Frangen, Bonn
Kolloidchemische Untersuchungen
1955, 106 Seiten, 8 Abb., 13 Tabellen, DM 21,25

HEFT 167
Prof. Dr.-Ing. F. Schuster, Essen
I. Über die Heißkarburierung von Brenngasen mit Ölen und Teeren
II. Die Strahlungsvorgänge in brennstoffbeheizten Öfen bei verschiedenen Verbrennungsatmosphären
1955, 38 Seiten, 8 Abb., DM 8,30

HEFT 168
Prof. Dr.-Ing. F. Schuster, Essen
I. Luftvorwärmung an Gasfeuerungen
II. Heizwerthöhe von Brenngasen und Wirkungsgrad sowie Gasverbrauch bei der Gasverwendung
III. Sauerstoffangereicherte Luft und feuerungstechnische Kenngrößen von Brenngasen
1955, 60 Seiten, 18 Abb., DM 12,50

HEFT 169
Forschungsinstitut für Pigmente und Lacke, Stuttgart
Arbeiten über die Bestimmung des Gebrauchswertes von Lackfilmen durch physikalische Prüfungen
1955, 70 Seiten, 23 Abb., 4 Tabellen, DM 15,—

HEFT 170
Prof. Dr. F. Wever, Dr. A. Rose und Dipl.-Ing. L. Rademacher, Düsseldorf
Anwendung der Umwandlungsschaubilder auf Fragen der Werkstoffauswahl beim Schweißen und Flammhärten
1955, 64 Seiten, 25 Abb., DM 13,70

WESTDEUTSCHER VERLAG · KÖLN UND OPLADEN

HEFT 171
Wäschereiforschung Krefeld
Untersuchung der Wäscheentwässerung mit Hilfe von Zentrifugen und Pressen
1955, 42 Seiten, 16 Abb., 4 Tabellen, DM 9,70

HEFT 172
Dipl.-Ing. W. Rohs, Dr.-Ing. G. Satlow und Text.-Ing. G. Heller, Bielefeld
Trocknung von Hanfgarnen. Kreuzspultrocknung
1955, 60 Seiten, 7 Abb., 4 Tabellen, DM 10,30

HEFT 173
Prof. Dr. R. Hosemann und Dipl.-Phys. G. Schoknecht, Berlin, vorgelegt von Prof. Dr. W. Kast, Krefeld
Lichtoptische Herstellung und Diskussion der Faltungsquadrate parakristalliner Gitter
1956, 108 Seiten, 63 Abb., 6 Tabellen, DM 24,70

HEFT 174
Prof. Dr. W. von Fragstein, Dr. J. Meingast und H. Hoch, Köln
Herstellung von Solen einheitlicher Teilchengröße und Ermittlung ihrer optischen Eigenschaften
1955, 78 Seiten, 80 Abb., 4 Tabellen, DM 18,25

HEFT 175
Dr.-Ing. H. Zeller, Aachen
Beitrag zur eindimensionalen stationären und nichtstationären Gasströmung mit Reibung und Wärmeleitung insbesondere in Rohren mit unstetigen Querschnittsänderungen
1956, 138 Seiten, 56 Abb., DM 29,30

HEFT 176
Dipl.-Ing. H. Schöberl, Duisburg
Über die Methoden zur Ermittlung der Verbrennungstemperatur von Brennstoffen und ein Vorschlag zu ihrer Verbesserung
1955, 30 Seiten, 3 Abb., DM 6,50

HEFT 177
Dipl.-Ing. H. Stüdemann, Solingen, und Dr.-Ing. W. Müchler, Essen
Entwicklung eines Verfahrens zur zahlenmäßigen Bestimmung der Schneideigenschaften von Messerklingen
1956, 104 Seiten, 68 Abb., 4 Tabellen, DM 22,20

HEFT 178
Prof. Dr. M. von Stackelberg u. Dr. W. Hans, Bonn
Untersuchungen zur Ausarbeitung und Verbesserung von polarographischen Analysenmethoden
1955, 46 Seiten, 14 Abb., DM 10,50

HEFT 179
Dipl.-Ing. H. F. Reineke, Bochum
Entwicklungsarbeiten auf dem Gebiete der Meß- und Regeltechnik
1955, 46 Seiten, 10 Abb., DM 10,—

HEFT 180
Dr.-Ing. W. Piepenburg, Dipl.-Ing. B. Bühling und Bauing. J. Behnke, Köln
Putzarbeiten im Hochbau und Versuche mit aktiviertem Mörtel und mechanischem Mörtelauftrag
1955, 116 Seiten, 31 Abb., 68 Tabellen, DM 23,—

HEFT 181
Prof. Dr. W. Franz, Münster
Theorie der elektrischen Leitvorgänge in Halbleitern und isolierenden Festkörpern bei hohen elektrischen Feldern
1955, 28 Seiten, 2 Abb., 1 Tabelle, DM 6,20

HEFT 182
Dr.-Ing. P. Schenk u. Dr. K. Osterloh, Düsseldorf
Katalytisch-thermische Spaltung von gasförmigen und flüssigen Kohlenwasserstoffen zur Spitzengaserzeugung
1955, 50 Seiten, 11 Abb., 11 Tabellen, DM 10,90

HEFT 183
Dr. W. Bornheim, Köln
Entwicklungsarbeiten an Flaschen- und Ampullen-Behandlungsmaschinen für die pharmazeutische Industrie
1956, 48 Seiten, 24 Abb., DM 11,70

HEFT 184
Dr.-Ing. E. Printz, Kettwig
Vollhydraulische Parallel-Kupplung für Ackerschlepper
1955, 32 Seiten, 4 Abb., DM 7,80

HEFT 185
Dipl.-Ing. W. Rohs und Text.-Ing. G. Heller, Bielefeld
Studien an einem neuzeitlichen Kreuzspultrockner für Bastfasergarne mit Wiederbefeuchtungszone
1955, 52 Seiten, 9 Abb., 3 Tabellen, DM 10,70

HEFT 186
Dr. E. Wedekind, Krefeld
Untersuchungen zur Arbeitsbestgestaltung bei der Fertigstellung von Oberhemden in gewerblichen Wäschereien
1955, 124 Seiten, 28 Abb., 6 Tabellen, 2 Falttaf., DM 12,—

HEFT 187
Dipl.-Ing. F. Göttgens, Essen
Über die Eigenarten der Bimetall-, Thermo- und Flammenionisationssicherungsmethode in ihrer Anwendung auf Zündsicherungen
1955, 40 Seiten, 6 Abb., 4 Tabellen, DM 8,40

HEFT 188
W. Kinnebrock, Langenberg (Rhld.)
Der Einfluß des Austausches gleicher Gaskochbrenner bzw. Gaskochbrennerteile auf den Wirkungsgrad und insbesondere auf den CO-Gehalt der Verbrennungsgase
1955, 42 Seiten, 7 Tabellen, DM 8,70

HEFT 189
Fa. E. Leybold's Nachfolger, Köln
I. Ausgewählte Kapitel aus der Vakuumtechnik
II. Zum Verlust anorganisch-nichtflüchtiger Substanzen während der Gefriertrocknung
1955, 52 Seiten, 16 Abb., 3 Tabellen, DM 11,20

HEFT 190
Prof. Dr. A. Neuhaus, Prof. Dr. O. Schmitz-DuMont und Dipl.-Chem. H. Reckhard, Bonn
Zur Kenntnis der Alkalititanate
1955, 60 Seiten, 13 Abb., 1 Tabelle, DM 12,20

HEFT 191
Dr. H. Söhngen, Darmstadt
Schwingungsverhalten eines Schaufelkranzes im Vakuum
1955, 36 Seiten, 7 Abb., DM 7,80

HEFT 192
Dipl.-Phys. E. M. Schneider, München
Kohlebogenlampen für Aufnahme und Kopie
1955, 48 Seiten, 21 Abb., 3 Tabellen, DM 10,60

HEFT 193
Prof. Dr. O. Schmitz-DuMont, Bonn
Untersuchungen über neue Pigmentfarbstoffe
1956, 50 Seiten, 16 Abb., 8 Tabellen, DM 11,20

HEFT 194
Dr. K. Hecht, Köln
Entwicklung neuartiger physikalischer Unterrichtsgeräte
1955, 42 Seiten, 16 Abb., DM 9,90

HEFT 195
Dr.-Ing. E. Rößger, Köln
Gedanken über einen neuen deutschen Luftverkehr
1955, 342 Seiten, 29 Abb., 122 Tabellen, DM 50,—

HEFT 196
Dipl.-Ing. W. Rohs, und Text.-Ing. H. Griese, Bielefeld
Auswirkungen von Garnfehlern bei der Verarbeitung von Leinengarnen
1955, 36 Seiten, 3 Abb., 6 Tabellen, DM 7,80

HEFT 197
Dr. E. Wedekind, Krefeld
Untersuchungen zur Bestimmung der optimalen Arbeitsplatzgröße bei Mehrstuhlarbeit in der Weberei
1955, 92 Seiten, 34 Abb., 6 Tabellen, DM 18,50

HEFT 198
Prof. Dr. J. Weissinger, Karlsruhe
Zur Aerodynamik des Ringflügels. Die Druckverteilung dünner, fast drehsymmetrischer Flügel in Unterschallströmung
1955, 42 Seiten, 5 Abb., DM 9,—

HEFT 199
Textilforschungsanstalt Krefeld
Die Messung von Gewebetemperaturen mittels Temperaturstrahlung
1955, 50 Seiten, 12 Abb., DM 10,90

HEFT 200
R. Seipenbusch, Langenberg (Rhld.)
Spitzengas durch Zusatz von Flüssiggas-Wassergas- und Flüssiggas-Generatorgas-Gemischen zu Stadtgas
1955, 48 Seiten, 21 Tabellen, DM 10,35

HEFT 201
Dr.-Ing. E. W. Pleines, Frankfurt/Main
Die Sicherheit im Luftverkehr
1956, 194 Seiten, 39 Abb., 19 Tabellen, DM 39,45

HEFT 202
Dipl.-Ing. D. Fiecke, Stuttgart/Zuffenhausen
Die Bestimmung der Flugzeugpolaren für Entwurfszwecke. I. Teil: Unterlagen
in Vorbereitung

HEFT 203
Dr. G. Wandel, Bonn
Uferbewachung und Lebendverbauung an den Nordwestdeutschen Kanälen und ihren Zuflüssen sowie an der Ruhr
in Vorbereitung

HEFT 204
Dipl.-Ing. B. Naendorf, Langenberg (Rhld.)
Bestimmung der Brenneigenschaften und des Brennverhaltens verschiedener Gasarten und Einfluß verschiedener Düsengestaltung
1955, 32 Seiten, DM 7,10

HEFT 205
Dr. C. Schaarwächter, Düsseldorf
Über plastische Kupfer-Eisen-Phosphor-Legierungen
1956, 36 Seiten, 10 Abb., 10 Tabellen, DM 8,30

HEFT 206
Dr. P. Hölemann, Ing. R. Hasselmann und Ing. G. Dix, Dortmund
Untersuchungen über die Vorgänge bei der Zersetzung von in Azeton gelöstem Azetylen
1956, 74 Seiten, 7 Abb., 7 Tabellen, DM 15,55

HEFT 207
Prof. Dr.-Ing. H. Opitz, Dipl.-Ing. K. H. Fröhlich und Dipl.-Ing. H. Siebel, Aachen
Richtwerte für das Fräsen von unlegierten und legierten Baustählen mit Hartmetall. I. Teil
in Vorbereitung

HEFT 208
Prof. Dr.-Ing. H. Müller, Essen
Untersuchung von Elektrowärmegeräten für Laienbedienung hinsichtlich Sicherheit und Gebrauchsfähigkeit. I. Untersuchungen an Kochplatten
in Vorbereitung

HEFT 209
Dr. K. Bunge, Leverkusen
Materialabbau in Funkenentladungen. Untersuchungen an Zinkkathoden
1956, 54 Seiten, 10 Abb., 5 Tabellen, DM 11,40

HEFT 210
Dr. W. Porschen und Prof. Dr. W. Riezler, Bonn
Langlebige Alphaaktivitäten bei natürlichen Elementen
1955, 40 Seiten, 5 Abb., 4 Tabellen, DM 8,80

HEFT 211
Prof. Dipl.-Ing. W. Sturtzel und Dr.-Ing. W. Graff, Duisburg
Die Versuchsanstalt für Binnenschiffbau, Duisburg
1956, 48 Seiten, 22 Abb., DM 11,—

HEFT 212
Dipl.-Ing. H. Spodig, Selm
Untersuchung zur Anwendung der Dauermagnete in der Technik
1955, 44 Seiten, 25 Abb., DM 9,80

HEFT 213
Dipl.-Ing. K. F. Rittinghaus, Aachen
Zusammenstellung eines Meßwagens für Bau- und Raumakustik
in Vorbereitung

HEFT 214
Dr.-Ing. J. Endres, München
Berechnung der optimalen Leistungen, Kraftstoffverbräuche und Wirkungsgrade von Einkreis-Turbolader-Strahltriebwerken am Boden und in der Höhe bei Fluggeschwindigkeiten von 0—2000 km/h
1956, 72 Seiten, 18 Abb., 8 Tabellen, DM 15,40

HEFT 215
Prof. Dr.-Ing. H. Opitz und Dr.-Ing. G. Weber, Aachen
Einfluß der Wärmebehandlung von Baustählen auf Spanentstehung, Schnittkraft- und Standzeitverhalten
in Vorbereitung

HEFT 216
Dr. E. Kloth, Köln
Untersuchungen über die Ausbreitung kurzer Schallimpulse bei der Materialprüfung mit Ultraschall
1956, 90 Seiten, 60 Abb., 4 Tabellen, DM 19,40

HEFT 217
Rationalisierungskuratorium der Deutschen Wirtschaft (RKW), Frankfurt/Main
Typenvielzahl bei Haushaltgeräten und Möglichkeiten einer Beschränkung
1956, 328 Seiten, 2 Abb., 181 Tabellen, DM 49,50

HEFT 218
Dr. F. Keune, Aachen
Bericht über eine neue Theorie der Strömung um Rotationskörper ohne Anstellung bei Machzahl Eins
1955, 40 Seiten, 8 Abb., 5 Formelblätter, DM 8,80

HEFT 219
Prof. Dr. W. Fuchs, Aachen
Untersuchungen zur Holzabfallverwertung und zur Chemie des Lignins
1955, 54 Seiten, 11 Abb., 15 Tabellen, DM 11,40

WESTDEUTSCHER VERLAG · KÖLN UND OPLADEN

HEFT 220
Prof. Dr. W. Fuchs, Aachen
Die Entwicklung neuer Regel- und Kontroll-Apparate zur coulometrischen Analyse
1956, 76 Seiten, 17 Abb., 23 Tabellen, DM 15,50

HEFT 221
Dr. W. Meyer-Eppler, Bonn
Experimentelle Untersuchungen zum Mechanismus von Stimme und Gehör in der lautsprachlichen Kommunikation
1955, 56 Seiten, 24 Abb., DM 13,45

HEFT 222
Dr. L. Köllner, Münster, und Dipl.-Volkswirt M. Kaiser, Bochum
Die internationale Wettbewerbsfähigkeit der westdeutschen Wollindustrie
1956, 214 Seiten, DM 39,50

HEFT 223
Dr.-Ing. K. Alberti und Dr. F. Schwarz, Köln
Über das Problem Hartbrand - Weichbrand
1956, 54 Seiten, 25 Abb., 14 Tabellen, DM 12,10

HEFT 224
Dipl.-Ing. H. Stüdeman und Ing. R. Beu, Solingen
Verfahren zur Prüfung der Korrosionsbeständigkeit von Messerklingen aus rostfreiem Stahl
1956, 82 Seiten, 28 Abb., DM 16,90

HEFT 225
Dr.-Ing. E. Barz, Remscheid
Der Spannungszustand von Gattersägeblättern
in Vorbereitung

HEFT 226
Technisch-wissenschaftliches Büro für die Bastfaserindustrie, Bielefeld
Untersuchungen zur Verbesserung des Leinenwebstuhles IV
Die Wirkung verschiedener Kettbaumbremsen auf die Verwebung von Leinengarnen
1956, 64 Seiten, 9 Abb., 4 Tabellen, DM 13,50

HEFT 227
Prof. Dr. F. Wever, Düsseldorf und Dr. W. Wepner, Köln
Untersuchung der Alterungsneigung von weichen unlegierten Stählen durch Härteprüfung bei Temperaturen bis 300 Grad C
1956, 34 Seiten, 20 Abb., 3 Tabellen, DM 7,95

HEFT 228
Prof. Dr. F. Wever, Dr. W. Koch, Düsseldorf und Dr. B. A. Steinkopf, Dortmund
Spektrochemische Grundlagen der Analyse von Gemischen aus Kohlenmonoxyd, Wasserstoff und Stickstoff
in Vorbereitung

HEFT 229
Prof. Dr. F. Wever, Dr. W. Koch und Dr.-Ing. H. Malissa, Düsseldorf
Über die Anwendung disubstituierter Dithiocarbamate der analytischen Chemie
1956, 44 Seiten, 30 Abb., 5 Tabellen, DM 10,50

HEFT 230
Prof. Dr. F. Wever, Düsseldorf und Dr. W. Wepner, Köln
Bestimmung kleiner Kohlenstoffgehalte im Alpha-Eisen durch Dämpfungsmessung
1956, 34 Seiten, 5 Abb., 2 Tabellen, DM 7,70

HEFT 231
Dr.-Ing. W. Küch, Dortmund
Über die Wechselwirkung zwischen Holzschutzbehandlung und Verleimung
1956, 48 Seiten, 10 Abb., 8 Tabellen, DM 10,40

HEFT 232
Prof. Dr.-Ing. O. Kienzle, Hannover und Dr.-Ing. H. Münnich, Schweinfurt
Feststellung der Spannungen und Dehnungen und Bruchdrehzahlen der unter Fliehkraft und Bearbeitungskraft beanspruchten Schleifkörper
in Vorbereitung

HEFT 233
Dr. H. Haase, Hamburg
Infrarot-Bibliographie
1956, 90 Seiten, DM 17,80

HEFT 234
Dr.-Ing. K. G. Speith und Dr.-Ing. A. Bungeroth, Duisburg
Versuche zur Steigerung des Kokillen-Schluckvermögens beim Stranggießen von Stahl
1956, 26 Seiten, 5 Abb., DM 6,15

HEFT 235
Prof. Dr.-Ing. K. Leist und Dipl.-Ing. W. Dettmering, Aachen
Turbinenschaufeln aus Kunststoff für Kaltluftversuchsanlagen
1956, 46 Seiten, 43 Abb., 3 Tabellen, DM 12,30

HEFT 236
Dr.-Ing. O. Viertel und S. Lucas, Krefeld
Ergebnisse einer Hausfrauenbefragung über Wascheinrichtungen und Waschmethoden in städtischen Haushaltungen
1956, 34 Seiten, 4 Abb., DM 7,60

HEFT 237
Dr. P. Endler und Dr. H. Ludes, Köln
Bericht über eine Studienreise zur Orientierung der heutigen Behandlung der Lungentuberkulose in den Vereinigten Staaten von Nordamerika
1956, 32 Seiten, DM 7,10

HEFT 238
Institut für textile Meßtechnik, M.-Gladbach, e.V.
Untersuchung der Verzugsvorgänge an den Streckwerken verschiedener Spinnereimaschinen. 3. Bericht: Theoretische Betrachtungen über den Einfluß schlagender Zylinder und Druckrollen
in Vorbereitung

HEFT 239
Prof. Dr.-Ing. K. Leist und Dipl.-Ing. H. Scheele, Aachen und Dipl.-Ing. F. H. Flottmann, Herne
Versuche an einem neuartigen luftgekühlten Hochleistungs-Kolbenkompressor
in Vorbereitung

HEFT 240
Prof. Dr.-Ing. K. Leist und Dipl.-Ing. H. Scheele, Aachen
Temperaturmessungen an einem einstufigen luftgekühlten 4-Zylinder-Kolbenkompressor mit Kühlgebläse
in Vorbereitung

HEFT 241
Prof. Dr.-Ing. K. Leist und Dipl.-Ing. M. Pötke, Aachen
Leistungsversuche an einem Kühlluftgebläse
in Vorbereitung

HEFT 242
Prof. Dr.-Ing. K. Leist und Dipl.-Ing. K. Graf, Aachen
Straßenfahrzeuge mit Gasturbinenantrieb
in Vorbereitung

HEFT 243
Prof. Dr.-Ing. K. Leist und Dipl.-Ing. S. Förster, Aachen
Die französische Kleingasturbine Artouste — 1. Teil
in Vorbereitung

HEFT 244
Prof. Dr. F. Wever, Dr. W. Koch und Dr. S. Eckhard, Düsseldorf
Erfahrungen mit der spektrochemischen Analyse von Gefügebestandteilen des Stahles
1956, 32 Seiten, 8 Abb., 2 Tabellen, DM 7,80

HEFT 245
Prof. Dr.-Ing. K. Krekeler, Aachen
Das Verbinden von Metallen durch Kunstharzkleber. Teil I: Eigenschaften und Verwendung der Metallklebstoffe
1956, 48 Seiten, 8 Abb., DM 10,25

HEFT 246
Prof. Dr.-Ing. K. Krekeler, Aachen
Das Verbinden von Metallen durch Kunstharzkleber. Teil II: Untersuchungen an geklebten Leichtmetall-Verbindungen
in Vorbereitung

HEFT 247
Dr. H. Söhngen, Darmstadt
Strömung vor einem Überschall-Laufrad
1956, 26 Seiten, 4 Abb., DM 7,60

HEFT 248
Rheinische Aktiengesellschaft für Braunkohlenbergbau und Brikettfabrikation, Köln
Untersuchung der Bindemitteleigenschaften von Braunkohlenfilteraschen
in Vorbereitung

HEFT 249
Dr. M.-E. Meffert, Essen
Weitere Kulturversuche Scenedesmus obliquus
1956, 36 Seiten, 5 Abb., 10 Tabellen, DM 8,—

HEFT 250
Dr. F. Schwarz und Dr.-Ing. K. Alberti, Köln
Entwicklung von Untersuchungsverfahren zur Gütebeurteilung von Industriekalken
in Vorbereitung

HEFT 251
Prof. Dr. H. Bittel, Münster
Zur Statistik der ferromagnetischen Elementarvorgänge und ihren Einfluß auf das Barkhausenrauschen
in Vorbereitung

HEFT 252
Dipl.-Ing. H. Frings, Geilenkirchen
Die Wirkung abfallender Wetterführung auf Wettertemperatur, Grubengasgehalt und Staubbildung
in Vorbereitung

HEFT 253
Dipl.-Ing. S. Schirmanski, Berghausen
Stand und Auswertung der Forschungsarbeiten über Temperatur- und Feuchtigkeitsgrenzen bei der bergmännischen Arbeit
in Vorbereitung

HEFT 254
Prof. Dr. R. Danneel, Bonn
Quantitative Untersuchungen über die Entwicklung des Ehrlich-Ascitesturmos bei Inzuchtmäusen
in Vorbereitung

HEFT 255
Ing. B. v. Schlippe, Bad Nauheim
Strömung von Flüssigkeiten mit temperaturabhängiger Zähigkeit (Kühlung von Ölen)
1956, 54 Seiten, 12 Abb., 4 Tabellen, DM 11,70

HEFT 256
Prof. Dr. C. Schmieden und Dipl.-Math. K. H. Müller, Darmstadt
Die Strömung einer Quellstrecke im Halbraum — eine strenge Lösung der Navier-Stokes-Gleichungen
1956, 40 Seiten, 9 Abb., DM 8,80

HEFT 257
Prof. Dr. G. Lehmann und Dr. J. Tamm, Dortmund
Die Beeinflussung vegetativer Funktionen des Menschen durch Geräusche
in Vorbereitung

HEFT 258
Dr. H. Paul, Linz (Rhein) und Prof. Dr. O. Graf, Dortmund
Zur Frage der Unfälle im Bergbau
1956, 52 Seiten, 9 Abb., 22 Tabellen, DM 11,20

HEFT 259
Prof. Dr. W. Linke, Aachen
Strömungsvorgänge in künstlich belüfteten Räumen
1956, 52 Seiten, 37 Abb., 1 Tabelle, DM 11,80

HEFT 260
Prof. Dr. W. Kast, Freiburg (Br.), Prof. Dr. A. H. Stuart und Dipl.-Phys. H. G. Fendler, Hannover
Lichtzerstreuungsmessungen an Lösungen hochpolymerer Stoffe
in Vorbereitung

HEFT 261
Prof. Dr. W. Kast, Freiburg (Br.)
Feinstruktur-Untersuchungen an künstlichen Zellulosefasern verschiedener Herstellungsverfahren. Teil II: Der Kristallisationszustand
in Vorbereitung

HEFT 262
Dr.-Ing. W. Batel, Aachen
Untersuchungen zur Absiebung feuchter, feinkörniger Haufwerke und Schwingsieben
in Vorbereitung

HEFT 263
Prof. Dr. H. Lange und Dipl.-Phys. R. Kohlhaas, Köln
Über die Wärmeleitfähigkeit von Stählen bei hohen Temperaturen: Teil I: Literaturbericht
in Vorbereitung

HEFT 264
Prof. Dr. W. Weizel, Bonn
Durch schnelle Funkenzusammenbrüche ausgelöste Signale auf einer Leitung
1956, 26 Seiten, 4 Abb., 5 Tabellen, DM 6,10

HEFT 265
Prof. Dr. F. Micheel und Dr. R. Engel, Münster
Eine Apparatur zur elektrophoretischen Trennung von Stoffgemischen
in Vorbereitung

HEFT 266
Fliesen-Beratungsstelle Bad Godesberg-Mehlem
Güteeigenschaften keramischer Wand- und Bodenfliesen und deren Prüfmethoden
1956, 32 Seiten, DM 7,10

HEFT 267
Prof. Dr. W. Weizel und B. Brandt, Bonn
Zur Stabilität stromstarker Glimmentladungen
1956, 36 Seiten, 7 Abb., DM 8,40

HEFT 268
Prof. Dr.-Ing. G. Vogelpohl, Göttingen
Über die Tragfähigkeit von Gleitlagern und ihre Berechnung
in Vorbereitung

WESTDEUTSCHER VERLAG · KÖLN UND OPLADEN

HEFT 269
Markscheider R. Bals, Bochum
Eignung des Gebirgsankerausbaus zur Erleichterung des Streckenvortriebs im Steinkohlenbergbau
in Vorbereitung

HEFT 270
Dr. H. Krebs und Mitarbeiter, Bonn
Die Trennung von Racematen auf chromatographischem Wege
in Vorbereitung

HEFT 271
Prof. Dr.-Ing. H. Opitz und Dipl.-Ing. H. Axer, Aachen
Beeinflussung des Verschleißverhaltens bei spanenden Werkzeugen durch flüssige und gasförmige Kühlmittel und elektrische Maßnahmen
in Vorbereitung

HEFT 272
Prof. Dr. W. Fuchs und Dr. H. Dresia, Aachen
Untersuchungen über die Schnellverbrennung und Schnellvergasung fester Brennstoffe
in Vorbereitung

HEFT 273
Fa. K. W. Tacke G.m.b.H., Wuppertal-Barmen
Erfahrungen beim Verspinnen von Perlonfasern und bei der Herstellung von Trikotagen aus gesponnenem Perlon
in Vorbereitung

HEFT 274
Prof. Dr.-Ing. K. Krekeler und Dipl.-Ing. H. Verhoeven, Aachen
Qualitative Untersuchungen bei Verbindungsschweißungen mittels Lichtbogenschweißautomaten unter Verwendung von Blankdraht und Zugabe von ferromagnetischem Pulver als Umhüllung
in Vorbereitung

HEFT 275
Prof. Dr.-Ing. K. Krekeler und Dipl.-Ing. H. Verhoeven, Aachen
Qualitative Untersuchungen von Punktschweißverbindungen an Tiefzieh- und Aluminiumblechen, die nach dem Argonarc-Punktschweißverfahren hergestellt werden
in Vorbereitung

HEFT 276
Fa. E. Haage, Mülheim (Ruhr)
Entwicklungsarbeiten im Apparatebau für Laboratorien
in Vorbereitung

HEFT 277
Dr.-Ing. W. Müchler, Essen
Untersuchung und zahlenmäßige Bestimmung der Schneideigenschaften von Messern mit besonderer Berücksichtigung rostfreier Messerstähle
in Vorbereitung

HEFT 278
Dipl.-Ing. J. Stelter und Dipl.-Ing. H. Kickert, Aachen
I. Sichtbarmachung von Ultraschallfeldern unter Verwendung photographischer Emulsionsschichten
II. Methode zur Bestimmung der wirklichen Temperaturverhältnisse in Flüssigkeiten während der Beschallung (Nach einer Diplom-Arbeit von H. Schnitzler)
in Vorbereitung

HEFT 279
Dr. F. Keune, Aachen
Der gewölbte und verwundene Tragflügel ohne Dicke in Schallnähe
in Vorbereitung

HEFT 280
Dipl.-Ing. J. Stelter und Dipl.-Ing. E. Pfende, Aachen
Über Störerscheinungen bei Schallgeschwindigkeitsmessungen mittels der Interferometermethode
in Vorbereitung

HEFT 281
Prof. Dr.-Ing. K. Lürenbaum, Aachen
Der Meßwagen des Instituts für Maschinen-Dynamik der Deutschen Versuchsanstalt für Luftfahrt, Aachen
in Vorbereitung

HEFT 282
Bergrat a. D. Scherer, Bochum
Das B.T.-Schwelverfahren und seine Anwendung auf der Anlage Marienau
in Vorbereitung

HEFT 283
Prof. Dr. F. Wever und Dr.-Ing. W. Lueg, Düsseldorf
Warmstauchversuche zur Ermittlung der Formänderungsfestigkeit von Gesenkschmiede-Stählen

HEFT 284
Prof. Dr. F. Wever, Düsseldorf, Dr.-Ing. H. J. Wiester, Essen, Dr.-Ing. F. W. Straßburg, Duisburg, Prof. Dr.-Ing. H. Opitz, Aachen, und Dr.-Ing. K. H. Fröhlich, Köln
Einfluß des Gefüges auf die Zerspanbarkeit von Einsatz- und Vergütungsstählen
in Vorbereitung

HEFT 285
Prof. Dr.-Ing. O. Kienzle, Dr.-Ing. K. Lange, Hannover, und Dipl.-Ing. H. Meinert, Osterode
Einfluß der Oberfläche auf das Verschleißverhalten von Schmiedegesenken
in Vorbereitung

HEFT 286
Dr.-Ing. K. Lange, Hannover, Dipl.-Ing. H. Meinert, Osterode, unter Mitarbeit von Dr.-Ing. H. Arend, Mülheim (Ruhr)
Verschleißverhalten hartverchromter Schmiedegesenke
in Vorbereitung

HEFT 287
Prof. Dr.-Ing. K. Krekeler, Aachen
Änderungen der mechanischen Eigenschaftswerte thermoplastischer Kunststoffe bei Beanspruchung in verschiedenen Medien
in Vorbereitung

HEFT 288
Dr. K. Brücker-Steinkuhl, Düsseldorf
Anwendung mathematisch-statistischer Verfahren in der Industrie
in Vorbereitung

HEFT 289
Prof. Dr.-Ing. H. Winterhager, Aachen
Kombinierter Widerstands- und Lichtbogen-Vakuumofen zur Verarbeitung von Titanschwamm
Prof. Dr. h. c. R. Schwarz, Aachen
Erforschung neuer Wege zur Darstellung von Titanmetall
in Vorbereitung

HEFT 290
Dr. D. Horstmann, Düsseldorf
I. Der verstärkte Angriff des Zinks auf Eisen im Temperaturgebiet um 500° C
II. Einfluß eines Antimongehaltes auf den Angriff von Zinkschmelzen auf Eisen
in Vorbereitung

HEFT 291
Dr.-Ing. H. J. Wiester und Dr. D. Horstmann, Düsseldorf
Der Angriff eisengesättigter Zinkschmelzen auf silizium- und manganhaltiges Eisen
in Vorbereitung

HEFT 292
Dipl.-Ing. W. Rohs und Text.-Ing. H. Griese, Bielefeld
Webversuche an Leinenwebstühlen mit verbesserter Schaftbewegung
in Vorbereitung

HEFT 293
Prof. J. W. Korte, unter Mitarbeit von Dipl.-Ing. P. A. Mäcke und Dipl.-Ing. W. Leutzbach, Aachen
Die Leistungsfähigkeit von Verkehrsanlagen des motorisierten städtischen Straßenverkehrs
in Vorbereitung

HEFT 294
Dipl.-Ing. B. Naendorf, Essen
Untersuchungen industrieller Gasbrenner
in Vorbereitung

HEFT 295
Prof. Dr.-Ing. H. Opitz und Dipl.-Ing. H. Axer, Aachen
Untersuchung und Weiterentwicklung neuartiger elektrischer Bearbeitungsverfahren
in Vorbereitung

HEFT 296
Prof. Dr.-Ing. H. Opitz, Aachen
I. Untersuchungen an elektronischen Regelantrieben
II. Statistische Untersuchungen zur Ausnutzung von Drehbänken
in Vorbereitung

HEFT 297
Dr. K. Schaarwächter, Düsseldorf
Die Reduktion von Siliziumtetrachlorid im Lichtbogen zur nachfolgenden Silizierung von Eisenblechen
in Vorbereitung

HEFT 298
Prof. Dr.-Ing. E. Oehler, Aachen
Untersuchung von kritischen Drehzahlen, die durch Kreiselmomente verursacht werden

HEFT 299
Dr. J. Fassbender und W. Hoppe, Bonn
Eine photoelektrische Nachlaufeinrichtung für Analogie-Rechenmaschinen
in Vorbereitung

HEFT 300
Prof. Dr. E. Schütz und Privatdozent Dr. H. Caspers, Münster
Tierexperimentelle Untersuchungen über die Alkoholwirkungen auf Erregbarkeit und bioelektrische Spontanaktivität der Hirnrinde
in Vorbereitung

HEFT 301
Prof. Dr. W. Weltzien, Dr. G. Cossmann und P. Diehl, Krefeld
Über die fraktionierte Füllung von Polyamiden (II)
in Vorbereitung

HEFT 302
Prof. Dr.-Ing. W. Wegener und Dipl.-Ing. Willi Zahn, Aachen
Untersuchungen von gesponnenen Garnen auf ihre Gleichmäßigkeit nach verschiedenen Meßmethoden
in Vorbereitung

HEFT 303
Prof. Dr.-Ing. S. Kiesskalt, Aachen
Das Institut der Forschungsgesellschaft Verfahrenstechnik e. V. an der Technischen Hochschule Aachen
in Vorbereitung

HEFT 304
Prof. Dr.-Ing. K. Krekeler, Düsseldorf, und Dipl.-Ing. A. Kleine-Albers, Aachen
Beitrag zur thermoelastischen Warmformbarkeit von Hart PVC
in Vorbereitung

HEFT 305
Prof. Dr.-Ing. K. Krekeler, Düsseldorf, Dr.-Ing. H. Peukert, Aachen, und Dipl.-Ing. W. Schmitz, Siegburg
Heißgas-Schweißung von Hart-Polyvinylchlorid mit Zusatzwerkstoff
in Vorbereitung

HEFT 306
Prof. Dr. B. Rensch, Münster
Elektrophysiologische Untersuchungen zur Analysierung der Bildung von Assoziationen und Gedächtnisspuren in Gehirn und Rückenmark
Prof. Dr. A. Loeser, Münster
Akute und chronische Giftwirkungen sauerstoffhaltiger Lösungsmittel
in Vorbereitung

HEFT 307
Privatdozent Dr. J. Juilfs, Krefeld
Vergleichende Untersuchungen zur elastischen und bleibenden Dehnung von Fasern
in Vorbereitung

HEFT 308
Privatdozent Dr. J. Juilfs, Krefeld
Zur Messung der Fadenglätte
in Vorbereitung

HEFT 309
Prof. Dr. K. Cruse und Mitarbeiter, Clausthal-Zellerfeld
Aufbau und Arbeitsweise eines universell verwendbaren Hochfrequenz-Titrationsgerätes
in Vorbereitung

HEFT 310
Dr. P. F. Müller, Bonn
Die Integrieranlage des Rheinisch-Westfälischen Instituts für Instrumentelle Mathematik in Bonn
in Vorbereitung

HEFT 311
Prof. Dr. F. Wever und Dr. M. Hempel, Düsseldorf
Dauerschwingfestigkeit von Stählen bei erhöhten Temperaturen
Teil I: Erkenntnisse aus bisherigen Dauerschwingversuchen in der Wärme
in Vorbereitung

HEFT 312
Prof. Dr. F. Wever und Dr. M. Hempel, Düsseldorf
Dauerschwingfestigkeit von Stählen bei erhöhten Temperaturen
Teil II: Zug-Druck-Dauerschwingversuche an zwei warmfesten Stählen bei Temperaturen von 500 bis 650°
in Vorbereitung

HEFT 313
Prof. Dr. F. Wever, Dr. W. Koch und Dipl.-Phys. H. Rohde, Düsseldorf
Änderungen des Habitus und der Gitterkonstanten des Zementits in Chromstählen bei verschiedenen Wärmebehandlungen
in Vorbereitung

WESTDEUTSCHER VERLAG · KÖLN UND OPLADEN

HEFT 314
Prof. Dr. F. Wever und Dr.-Ing. A. Krisch, Düsseldorf, und Dr.-Ing. H.-J. Wiester, Essen
Veränderungen im Gefügeaufbau von Chrom-Nickel-Molybdän-Stählen bei langzeitiger Beanspruchung im Zeitstandversuch bei 500°
in Vorbereitung

HEFT 315
Prof. Dr. F. Wever und Dr.-Ing. A. Krisch, Düsseldorf
Metallkundliche Untersuchungen an Zeitstandproben
in Vorbereitung

HEFT 316
Dr. F. Keune, Aachen
Zusammenfassende Darstellung und Erweiterung des Aequivalenzsatzes für schallnahe Strömung
in Vorbereitung

HEFT 317
Dr.-Ing. J. Stelter, Aachen
Mikrobiologische Ultraschallwirkungen
in Vorbereitung

HEFT 318
Dipl.-Ing. H. Kickert, Aachen
Über die Ausbreitung von Ultraschall in Luft
in Vorbereitung

HEFT 319
Prof. Dr. C. Kröger, Aachen
Gemengereaktionen und Glasschmelze
in Vorbereitung

HEFT 320
Dr. H.-E. Caspary, Köln
Verwendung von Szintillationszählern anstelle von Zählrohren zur zerstörungsfreien Materialprüfung
in Vorbereitung

HEFT 321
Prof. Dr. F. Wever, Düsseldorf und Dr. W. Wepner, Köln
Gleichzeitige Bestimmung kleiner Kohlenstoff- und Stickstoffgehalte im α-Eisen durch Dämpfungsmessung
in Vorbereitung

HEFT 322
Prof. Dr.-Ing. F. Bollenrath und Dipl.-Ing. W. Domke, Aachen
Eigenspannungen in vergüteten, dickwandigen Stahlzylindern nach Oberflächenhärtung mit induktiver Erwärmung
in Vorbereitung

HEFT 323
Prof. Dr. R. Seyffert, Köln
Wege und Kosten der Distribution der Textilien, Schuh- und Lederwaren
in Vorbereitung

HEFT 324
Prof. Dr.-Ing. H. Opitz, Dr.-Ing. E. Salje und Dipl.-Ing. K. E. Schwartz, Aachen
Richtwerte für das Außenrund-Längs- und Einstechschleifen
in Vorbereitung

HEFT 325
Prof. Dr. E. Schratz, Münster
Pharmakognostische Untersuchungen am Medizinal-Rhabarber
in Vorbereitung

HEFT 326
Prof. Dr.-Ing. E. Essers und Mitarbeiter, Aachen
Deichselkräfte an Lastzügen
in Vorbereitung

HEFT 327
Prof. Dr.-Ing. K. Krekeler und Dr.-Ing. H. Peukert, Aachen
Beitrag zur thermoelastischen Formbarkeit von Polyäthylen
in Vorbereitung

HEFT 328
Dr. H. Maeder, Belo Horizonte
Schweißen von Temperguß
in Vorbereitung

HEFT 329
Dipl.-Ing. A. Krüger, Karlsruhe, und Feuerwehr-Ing. R. Radusch, Dortmund
Wasserzerstäubung im Strahlrohr
in Vorbereitung

HEFT 330
Dipl.-Physiker E. Pepping, Aachen
Die Durchflußzahl des Rechteckschlitzes in einer sehr großen Wand
in Vorbereitung

HEFT 331
Dipl.-Ing. G. Bretschneider, Ruit
Die Messung der wiederkehrenden Spannung mit Hilfe des Netzmodelles
in Vorbereitung

HEFT 332
Prof. Dr.-Ing. R. Jaeckel und Dr. G. Reich, Bonn
Messung von Dampfdrucken im Gebiet unter 10^{-2} Torr
in Vorbereitung

HEFT 333
Prof. Dipl.-Ing. W. Sturtzel und Dr.-Ing. W. Graff, Duisburg
I. Der Flachwassereinfluß auf den Form- und Reibungswiderstand von Binnenschiffen
II. Der Flachwassereinfluß auf die Nachstrom- und Sogverhältnisse bei Binnenschiffen
in Vorbereitung

HEFT 334
Prof. Dr. W. Weizel und Dr. G. Meister, Bonn
Spektralanalyse durch Messung des Interferenz-Kontrasts
in Vorbereitung

HEFT 335
Prof. Dr. W. Weizel und H. Hornberg, Bonn
Untersuchungen der anodischen Teile einer Glimmentladung
in Vorbereitung

HEFT 336
Dr. Tung-ping Yao, Aachen
Die Viskosität metallischer Schmelzen
in Vorbereitung

HEFT 337
Dr. R. Hoeppener und Dr. W. Bierther, Bonn
Tektonik und Lagerstätten im Rheinischen Schiefergebirge
in Vorbereitung

HEFT 338
Prof. Dr.-Ing. W. Wegener, Aachen, und Dipl.-Ing. J. Schneider, M.-Gladbach
Die Bedeutung der Knotenart für die Herabminderung der Fadenbrüche
in Vorbereitung

HEFT 339
Prof. Dr.-Ing. W. Wegener und Dipl.-Ing. W. Zahn, Aachen
Vergleich des normalen mit verschiedenen abgekürzten Baumwollspinnverfahren in bezug auf Gleichmäßigkeit und Sortierungsstreuung der Garne
in Vorbereitung

HEFT 340
Dipl.-Ing. W. Rohs und Dipl.-Ing. R. Otto, Bielefeld
Das Naßspinnen von Bastfasergarnen mit Spinnbadzusätzen unter Ausnutzung einer zentralen Spinnwasserversorgungsanlage
in Vorbereitung

HEFT 341
Prof. Dr.-Ing. H. Winterhager und Dipl.-Ing. L. Werner, Aachen
Präzisions-Meßverfahren zur Bestimmung des elektrischen Leitvermögens geschmolzener Salze
in Vorbereitung

HEFT 342
Prof. Dr.-Ing. H. Winterhager und Dipl.-Ing. W. Barthel, Aachen
Die Gewinnung von Titanschlackenkonzentraten aus eisenreichen Ilemniten
in Vorbereitung

HEFT 343
Prof. Dr.-Ing. W. Petersen, Aachen, und Dipl.-Ing. S. Wawroschek, Aachen
Die zweckmäßigsten Gütebestimmungsverfahren und Brikettierungsbedingungen bei der Erzeugung von Braunkohlen-Eisenerz-Briketts
in Vorbereitung

HEFT 344
Prof. Dr.-Ing. W. Fucks, Aachen
Zur Deutung einfachster mathematischer Sprachcharakteristiken
in Vorbereitung

HEFT 345
Dipl.-Ing. G. Cerbe und Dipl.-Ing. H. Monstadt, Essen
Konvektive Trocknung mit gasbeheizter Luft und Trocknung durch Gasstrahler
in Vorbereitung

HEFT 346
Dipl.-Ing. O. Arnold, Aachen
Erfahrungen mit Kernbohrungen zur Lagerstättenuntersuchung im Erzbergbau
in Vorbereitung

HEFT 347
S. Ruff, F. Kipp, H. Hansteen und G. Müller, Bonn
Untersuchungen zur Frage der Gehörschädigungen des fliegenden Personals der Propellerflugzeuge
in Vorbereitung

WESTDEUTSCHER VERLAG · KÖLN UND OPLADEN

VERÖFFENTLICHUNGEN DER ARBEITSGEMEINSCHAFT FÜR FORSCHUNG DES LANDES NORDRHEIN-WESTFALEN

NATURWISSENSCHAFTEN

Im Auftrage des Ministerpräsidenten Fritz Steinhoff
herausgegeben von Staatssekretär Prof. Leo Brandt

HEFT 1
Prof. Dr.-Ing. Friedrich Seewald, Aachen
Neue Entwicklungen auf dem Gebiet der Antriebsmaschinen
Prof. Dr.-Ing. Friedrich A. F. Schmidt, Aachen
Technischer Stand und Zukunftsaussichten der Verbrennungsmaschinen, insbesondere der Gasturbinen
Dr.-Ing. Rudolf Friedrich, Mülheim (Ruhr)
Möglichkeiten und Voraussetzungen der industriellen Verwertung der Gasturbine
1951, 52 Seiten, 15 Abb., kartoniert, DM 2,75

HEFT 2
Prof. Dr.-Ing. Wolfgang Riezler, Bonn
Probleme der Kernphysik
Prof. Dr. Fritz Micheel, Münster
Isotope als Forschungsmittel in der Chemie und Biochemie
1951, 40 Seiten, 10 Abb., kartoniert, DM 2,40

HEFT 3
Prof. Dr. Emil Lehnartz, Münster
Der Chemismus der Muskelmaschine
Prof. Dr. Gunther Lehmann, Dortmund
Physiologische Forschung als Voraussetzung der Bestgestaltung der menschlichen Arbeit
Prof. Dr. Heinrich Kraut, Dortmund
Ernährung und Leistungsfähigkeit
1951, 60 Seiten, 35 Abb., kartoniert, DM 3,50

HEFT 4
Prof. Dr. Franz Wever, Düsseldorf
Aufgaben der Eisenforschung
Prof. Dr.-Ing. Hermann Schenck, Aachen
Entwicklungslinien des deutschen Eisenhüttenwesens
Prof. Dr.-Ing. Max Haas, Aachen
Wirtschaftliche Bedeutung der Leichtmetalle und ihre Entwicklungsmöglichkeiten
1952, 60 Seiten, 20 Abb., kartoniert, DM 3,50

HEFT 5
Prof. Dr. Walter Kikuth, Düsseldorf
Virusforschung
Prof. Dr. Rolf Danneel, Bonn
Fortschritte der Krebsforschung
Prof. Dr. Dr. Werner Schulemann, Bonn
Wirtschaftliche und organisatorische Gesichtspunkte für die Verbesserung unserer Hochschulforschung
1952, 50 Seiten, 2 Abb., kartoniert, DM 2,75

HEFT 6
Prof. Dr. Walter Weizel, Bonn
Die gegenwärtige Situation der Grundlagenforschung in der Physik
Prof. Dr. Siegfried Strugger, Münster
Das Duplikantenproblem in der Biologie
Direktor Dr. Fritz Gummert, Essen
Überlegungen zu den Faktoren Raum und Zeit im biologischen Geschehen und Möglichkeiten einer Nutzanwendung
1952, 64 Seiten, 20 Abb., kartoniert, DM 3,—

HEFT 7
Prof. Dr.-Ing. August Götte, Aachen
Steinkohle als Rohstoff und Energiequelle
Prof. Dr. Dr. E. h. Karl Ziegler, Mülheim (Ruhr)
Über Arbeiten des Max-Planck-Institutes für Kohlenforschung
1953, 66 Seiten, 4 Abb., kartoniert, DM 3,60

HEFT 8
Prof. Dr.-Ing. Wilhelm Fucks, Aachen
Die Naturwissenschaft, die Technik und der Mensch
Prof. Dr. Walther Hoffmann, Münster
Wirtschaftliche und soziologische Probleme des technischen Fortschritts
1952, 84 Seiten, 12 Abb., kartoniert, DM 4,80

HEFT 9
Prof. Dr.-Ing. Franz Bollenrath, Aachen
Zur Entwicklung warmfester Werkstoffe
Prof. Dr. Heinrich Kaiser, Dortmund
Stand spektralanalytischer Prüfverfahren und Folgerung für deutsche Verhältnisse
1952, 100 Seiten, 62 Abb., kartoniert, DM 6,—

HEFT 10
Prof. Dr. Hans Braun, Bonn
Möglichkeiten und Grenzen der Resistenzzüchtung
Prof. Dr.-Ing. Carl Heinrich Dencker, Bonn
Der Weg der Landwirtschaft von der Energieautarkie zur Fremdenergie
1952, 74 Seiten, 23 Abb., kartoniert, DM 4,30

HEFT 11
Prof. Dr.-Ing. Herwart Opitz, Aachen
Entwicklungslinien der Fertigungstechnik in der Metallbearbeitung
Prof. Dr.-Ing. Karl Krekeler, Aachen
Stand und Aussichten der schweißtechnischen Fertigungsverfahren
1952, 72 Seiten, 49 Abb., kartoniert, DM 5,—

HEFT 12
Dr. Hermann Rathert, Wuppertal-Elberfeld
Entwicklung auf dem Gebiet der Chemiefaser-Herstellung
Prof. Dr. Wilhelm Weltzien, Krefeld
Rohstoff und Veredlung in der Textilwirtschaft
1952, 84 Seiten, 29 Abb., kartoniert, DM 4,80

HEFT 13
Dr.-Ing. E. h. Karl Herz, Frankfurt a. M.
Die technischen Entwicklungstendenzen im elektrischen Nachrichtenwesen
Staatssekretär Prof. Leo Brandt, Düsseldorf
Navigation und Luftsicherung
1952, 102 Seiten, 97 Abb., kartoniert, DM 7,25

HEFT 14
Prof. Dr. Burckhardt Helferich, Bonn
Stand der Enzymchemie und ihre Bedeutung
Prof. Dr. Hugo Wilhelm Knipping, Köln
Ausschnitt aus der klinischen Carcinomforschung am Beispiel des Lungenkrebses
1952, 72 Seiten, 12 Abb., kartoniert, DM 4,30

HEFT 15
Prof. Dr. Abraham Esau †, Aachen
Ortung mit elektrischen und Ultraschallwellen in Technik und Natur
Prof. Dr.-Ing. Eugen Flegler, Aachen
Die ferromagnetischen Werkstoffe der Elektrotechnik und ihre neueste Entwicklung
1953, 84 Seiten, 25 Abb., kartoniert, DM 4,80

HEFT 16
Prof. Dr. Rudolf Seyffert, Köln
Die Problematik der Distribution
Prof. Dr. Theodor Beste, Köln
Der Leistungslohn
1952, 70 Seiten, 1 Abb., kartoniert, DM 3,50

HEFT 17
Prof. Dr.-Ing. Friedrich Seewald, Aachen
Luftfahrtforschung in Deutschland und ihre Bedeutung für die allgemeine Technik
Prof. Dr.-Ing. Edouard Houdremont, Essen
Art und Organisation der Forschung in einem Industrieforschungsinstitut der Eisenindustrie
1953, 90 Seiten, 4 Abb., kartoniert, DM 4,20

HEFT 18
Prof. Dr. Dr. Werner Schulemann, Bonn
Theorie und Praxis pharmakologischer Forschung
Prof. Dr. Wilhelm Groth, Bonn
Technische Verfahren zur Isotopentrennung
1953, 72 Seiten, 17 Abb., kartoniert, DM 4,—

HEFT 19
Dipl.-Ing. Kurt Traenckner, Essen
Entwicklungstendenzen der Gaserzeugung
1953, 26 Seiten, 12 Abb., kartoniert, DM 1,60

HEFT 20
M. Zvegintzow, London
Wissenschaftliche Forschung und die Auswertung ihrer Ergebnisse
Ziel und Tätigkeit der National Research Development Corporation
Dr. Alexander King, London
Wissenschaft und internationale Beziehungen
1954, 88 Seiten, kartoniert, DM 4,20

HEFT 21
Prof. Dr. Robert Schwarz, Aachen
Wesen und Bedeutung der Silicium-Chemie
Prof. Dr. Dr. h. c. Kurt Alder, Köln
Fortschritte in der Synthese von Kohlenstoffverbindungen
1954, 76 Seiten, 49 Abb., kartoniert, DM 4,--

HEFT 21a
Prof. Dr. Dr. h. c. Otto Hahn, Göttingen
Die Bedeutung der Grundlagenforschung für die Wirtschaft
Prof. Dr. Siegfried Strugger, Münster
Die Erforschung des Wasser- und Nährsalztransportes im Pflanzenkörper mit Hilfe der fluoreszenzmikroskopischen Kinematographie
1953, 74 Seiten, 26 Abb., kartoniert, DM 5,—

HEFT 22
Prof. Dr. Johannes von Allesch, Göttingen
Die Bedeutung der Psychologie im öffentlichen Leben
Prof. Dr. Otto Graf, Dortmund
Triebfedern menschlicher Leistung
1953, 80 Seiten, 19 Abb., kartoniert, DM 4,—

HEFT 23
Prof. Dr. Dr. h. c. Bruno Kuske, Köln
Zur Problematik der wirtschaftswissenschaftlichen Raumforschung
Prof. Dr. Dr.-Ing. E. h. Stephan Prager, Düsseldorf
Städtebau und Landesplanung
1954, 84 Seiten, kartoniert, DM 3,50

HEFT 24
Prof. Dr. Rolf Danneel, Bonn
Über die Wirkungsweise der Erbfaktoren
Prof. Dr. Kurt Herzog, Krefeld
Bewegungsbedarf der menschlichen Gliedmaßengelenke bei der Berufsarbeit
1953, 76 Seiten, 18 Abb., kartoniert, DM 4,—

WESTDEUTSCHER VERLAG · KÖLN UND OPLADEN

HEFT 25
Prof. Dr. Otto Haxel, Heidelberg
Energiegewinnung aus Kernprozessen
Dr.-Ing. Dr. Max Wolf, Düsseldorf
Gegenwartsprobleme der energiewirtschaftlichen Forschung
1953, 98 Seiten, 27 Abb., kartoniert, DM 5,25

HEFT 26
Prof. Dr. Friedrich Becker, Bonn
Ultrakurzwellenstrahlung aus dem Weltraum
Dr. Hans Straßl, Bonn
Bemerkenswerte Doppelsterne und das Problem der Sternentwicklung
1954, 70 Seiten, 8 Abb., kartoniert, DM 3,60

HEFT 27
Prof. Dr. Heinrich Behnke, Münster
Der Strukturwandel der Mathematik in der ersten Hälfte des 20. Jahrhunderts
Prof. Dr. Emanuel Sperner, Hamburg
Eine mathematische Analyse der Luftdruckverteilungen in großen Gebieten
1956, 96 Seiten, 12 Abb, 5 Tab., kartoniert, DM 5,—

HEFT 28
Prof. Dr. Oskar Niemczyk, Aachen
Die Problematik gebirgsmechanischer Vorgänge im Steinkohlenbergbau
Prof. Dr. Wilhelm Ahrens, Krefeld
Die Bedeutung geologischer Forschung für die Wirtschaft, besonders in Nordrhein-Westfalen
1955, 96 Seiten, 12 Abb., kartoniert, DM 5,25

HEFT 29
Prof. Dr. Bernhard Rensch, Münster
Das Problem der Residuen bei Lernleistungen
Prof. Dr. Hermann Fink, Köln
Über Leberschäden bei der Bestimmung des biologischen Wertes verschiedener Eiweiße von Mikroorganismen
1954, 96 Seiten, 23 Abb., kartoniert, DM 5,25

HEFT 30
Prof. Dr.-Ing. Friedrich Seewald, Aachen
Forschungen auf dem Gebiete der Aerodynamik
Prof. Dr.-Ing. Karl Leist, Aachen
Einige Forschungsarbeiten aus der Gasturbinentechnik
1955, 98 Seiten, 45 Abb., kartoniert, DM 7,—

HEFT 31
Prof. Dr.-Ing. Dr. h. c. Fritz Mietzsch, Wuppertal
Chemie und wirtschaftliche Bedeutung der Sulfonamide
Prof. Dr. Dr. h. c. Gerhard Domagk, Wuppertal
Die experimentellen Grundlagen der bakteriellen Infektionen
1954, 82 Seiten, 2 Abb., kartoniert, DM 4,—

HEFT 32
Prof. Dr. Hans Braun, Bonn
Die Verschleppung von Pflanzenkrankheiten und -schädigungen über die Welt
Prof. Dr. Wilhelm Rudorf, Voldagsen
Der Beitrag von Genetik und Züchtung zur Bekämpfung von Viruskrankheiten der Nutzpflanzen
1953, 88 Seiten, 36 Abb., kartoniert, DM 5,—

HEFT 33
Prof. Dr.-Ing. Volker Aschoff, Aachen
Probleme der elektroakustischen Einkanalübertragung
Prof. Dr.-Ing. Herbert Döring, Aachen
Erzeugung und Verstärkung von Mikrowellen
1954, 74 Seiten, 23 Abb., kartoniert, DM 4,30

HEFT 34
Geheimrat Prof. Dr. Dr. Rudolf Schenck, Aachen
Bedingungen und Gang der Kohlenhydratsynthese im Licht
Prof. Dr. Emil Lehnartz, Münster
Die Endstufen des Stoffabbaues im Organismus
1954, 80 Seiten, 11 Abb., kartoniert, DM 4,20

HEFT 35
Prof. Dr.-Ing. Hermann Schenck, Aachen
Gegenwartsprobleme der Eisenindustrie in Deutschland
Prof. Dr.-Ing. Eugen Piwowarsky †, Aachen
Gelöste und ungelöste Probleme im Gießereiwesen
1954, 110 Seiten, 67 Abb., kartoniert, DM 6,50

HEFT 36
Prof. Dr. Wolfgang Riezler, Bonn
Teilchenbeschleuniger
Prof. Dr. Gerhard Schubert, Hamburg
Anwendung neuer Strahlenquellen in der Krebstherapie
1954, 104 Seiten, 43 Abb., kartoniert, DM 7,—

HEFT 37
Prof. Dr. Franz Lotze, Münster
Probleme der Gebirgsbildung
Bergwerksdirektor Bergassessor a.D. G. Rauschenbach, Essen
Die Erhaltung der Förderungskapazität des Ruhrbergbaues auf lange Sicht
in Vorbereitung

HEFT 38
Dr. E. Colin Cherry, London
Kybernetik
Prof. Dr. Erich Pietsch, Clausthal-Zellerfeld
Dokumentation und mechanisches Gedächtnis — zur Frage der Ökonomie der geistigen Arbeit
1954, 108 Seiten, 31 Abb., kartoniert, DM 5,25

HEFT 39
Dr. Heinz Haase, Hamburg
Infrarot und seine technischen Anwendungen
Prof. Dr. Abraham Esau †, Aachen
Ultraschall und seine technischen Anwendungen
1955, 80 Seiten, 25 Abb., kartoniert, DM 4,80

HEFT 40
Bergassessor Fritz Lange, Bochum-Hordel
Die wirtschaftliche und soziale Bedeutung der Silikose im Bergbau
Prof. Dr. Walter Kikuth, Düsseldorf
Die Entstehung der Silikose und ihre Verhütungsmaßnahmen
1954, 120 Seiten, 40 Abb., kartoniert, DM 7,25

HEFT 40a
Prof. Dr. Eberhard Gross, Bonn
Berufskrebs und Krebsforschung
Prof. Dr. Hugo Wilhelm Knipping, Köln
Die Situation der Krebsforschung vom Standpunkt der Klinik
1955, 88 Seiten, 31 Abb., kartoniert, DM 5,—

HEFT 41
Direktor Dr.-Ing. Gustav-Victor Lachmann, London
An einer neuen Entwicklungsschwelle im Flugzeugbau
Direktor Dr.-Ing. A. Gerber, Zürich-Oerlikon
Stand der Entwicklung der Raketen- und Lenktechnik
1955, 88 Seiten, 44 Abb., kartoniert, DM 6,—

HEFT 42
Prof. Dr. Theodor Kraus, Köln
Lokalisationsphänomene und Raumordnung vom Standpunkt der geographischen Wissenschaft
Direktor Dr. Fritz Gummert, Essen
Vom Ernährungsversuchsfeld der Kohlenstoffbiologischen Forschungsstation Essen
in Vorbereitung

HEFT 42a
Prof. Dr. Dr. h. c. Gerhard Domagk, Wuppertal
Fortschritte auf dem Gebiet der experimentellen Krebsforschung
1954, 46 Seiten, kartoniert, DM 2,—

HEFT 43
Prof. Dr. Giovanni Lampariello, Rom
Über Leben und Werk von Heinrich Hertz
Prof. Dr. Walter Weizel, Bonn
Über das Problem der Kausalität in der Physik
1955, 76 Seiten kartoniert, DM 3,30

HEFT 43a
Prof. Dr. José Mª Albareda, Madrid
Die Entwicklung der Forschung in Spanien
in Vorbereitung

HEFT 44
Prof. Dr. Burckhardt Helferich, Bonn
Über Glykoside
Prof. Dr. Fritz Micheel, Münster
Kohlenhydrat-Eiweiß-Verbindungen und ihre biochemische Bedeutung
in Vorbereitung

HEFT 45
Prof. Dr. John von Neumann, Princeton, USA
Entwicklung und Ausnutzung neuerer mathematischer Maschinen
Prof. Dr. E. Stiefel, Zürich
Rechenautomaten im Dienste der Technik mit Beispielen aus dem Züricher Institut für angewandte Mathematik
1955, 74 Seiten, 6 Abb., kartoniert, DM 3,50

HEFT 46
Prof. Dr. Wilhelm Weltzien, Krefeld
Ausblick auf die Entwicklung synthetischer Fasern
Prof. Dr. Walther Hoffmann, Münster
Wachstumsformen der Industriewirtschaft
in Vorbereitung

HEFT 47
Staatssekretär Prof. Leo Brandt, Düsseldorf
Die praktische Förderung der Forschung in Nordrhein-Westfalen
Prof. Dr. Ludwig Raiser, Bad Godesberg
Die Förderung der angewandten Forschung durch die Deutsche Forschungsgemeinschaft
in Vorbereitung

HEFT 48
Dr. Hermann Tromp, Rom
Bestandsaufnahme der Wälder der Welt als internationale und wissenschaftliche Aufgabe
Prof. Dr. Franz Heske, Schloß Reinbek
Die Wohlfahrtswirkungen des Waldes als internationales Problem
in Vorbereitung

HEFT 49
Präsident Dr. G. Böhnecke, Hamburg
Zeitfragen der Ozeanographie
Reg.-Direktor Dr. H. Gabler, Hamburg
Nautische Technik und Schiffssicherheit
1955, 120 Seiten, 49 Abb., kartoniert, DM 7,50

HEFT 50
Prof. Dr.-Ing. Friedrich A. F. Schmidt, Aachen
Probleme der Selbstzündung und Verbrennung bei der Entwicklung der Hochleistungskraftmaschinen
Prof. Dr.-Ing. A. W. Quick, Aachen
Ein Verfahren zur Untersuchung des Austauschvorganges in verwirbelten Strömungen hinter Körpern mit abgelöster Strömung
in Vorbereitung

HEFT 51
Prof. Dr. Siegfried Strugger, Münster
Struktur, Entwicklungsgeschichte und Physiologie der Chloroplasten
Direktor Dr. J. Pätzold, Erlangen
Therapeutische Anwendung mechanischer und elektrischer Energie
in Vorbereitung

HEFT 52
Mr. Patmore, London
Lufttüchtigkeit und technische Prüfung der Flugzeuge in England
Prof. A. D. Young, Cranfield
Die Ausbildung des Ingenieurnachwuchses auf dem Luftfahrtgebiet in England
in Vorbereitung

JAHRESFEIER 1955
Prof. Dr. Josef Pieper, Münster
Über den Philosophie-Begriff Platons
Prof. Dr. Walter Weizel, Bonn
Die Mathematik und die physikalische Realität
1955, 62 Seiten, kartoniert, DM 2,90

HEFT 52a
Dr. D. C. Martin, London
Geschichte und Organisation der Royal Society
Dr. Roux, Südafrika
Probleme der wissenschaftlichen Forschung in der Südafrikanischen Union
in Vorbereitung

HEFT 53
Prof. Dr.-Ing. Georg Schnadel, Hamburg
Forschungsaufgaben zur Untersuchung der Festigkeitsprobleme im Schiffbau
Prof. Dipl.-Ing. Wilhelm Sturtzel, Duisburg
Forschungsaufgaben zur Untersuchung der Widerstandsprobleme im Schiffbau
in Vorbereitung

HEFT 53a
Prof. Giovanni Lampariello, Rom
Von Galilei zu Einstein
1956, 92 Seiten, kartoniert, DM 4,20

HEFT 54
Prof. Dr. Julius Bartels, Göttingen
Sonne und Erde — das Thema des internationalen geophysikalischen Jahres
Direktor Dr. Walter Dieminger, Lindau/Harz
Ionosphäre und drahtloser Weitverkehr
in Vorbereitung

HEFT 54a
Sir John Cockcroft, London
Die friedliche Anwendung der Kernenergie
in Vorbereitung

HEFT 55
Prof. Dr.-Ing. Fritz Schultz-Grunow, Aachen
Das Kriechen und Fließen hochzäher und plastischer Stoffe
Prof. Dr.-Ing. Hans Ebner, Aachen
Wege und Ziele der Festigkeitsforschung besonders im Hinblick auf den Leichtbau
in Vorbereitung

WESTDEUTSCHER VERLAG · KÖLN UND OPLADEN

HEFT 56
Prof. Dr. Ernst Derra, Düsseldorf
Der Entwicklungsstand der Herzchirurgie
Prof. Dr. Gunther Lehmann, Dortmund
Muskelarbeit und Muskelermüdung in Theorie und Praxis
in Vorbereitung

HEFT 57
Prof. Dr. Theodor von Kármán, Pasadena
Freiheit und Organisation in der Luftfahrtforschung
in Vorbereitung

HEFT 58
Prof. Dr. Fritz Schröter, Ulm
Neue Forschungs- und Entwicklungsrichtungen im Fernsehen
Prof. Dr. Albert Narath, Berlin
Der gegenwärtige Stand der Filmtechnik
in Vorbereitung

HEFT 59
Prof. Dr. Richard Courant, New York
Die Bedeutung der modernen mathematischen Rechenmaschinen für mathematische Probleme der Hydrodynamik und Reaktortechnik
Prof. Dr. Ernst Peschl, Bonn
Die Rolle der komplexen Zahlen in der Mathematik und die Bedeutung der komplexen Analysis
in Vorbereitung

VERÖFFENTLICHUNGEN DER ARBEITSGEMEINSCHAFT FÜR FORSCHUNG DES LANDES NORDRHEIN-WESTFALEN

GEISTESWISSENSCHAFTEN

Im Auftrage des Ministerpräsidenten Fritz Steinhoff
herausgegeben von Staatssekretär Prof. Leo Brandt

HEFT 1
Prof. Dr. Werner Richter, Bonn
Die Bedeutung der Geisteswissenschaften für die Bildung unserer Zeit
Prof. Dr. Joachim Ritter, Münster
Die aristotelische Lehre vom Ursprung und Sinn der Theorie
1953, 64 Seiten, kartoniert, DM 2,90

HEFT 2
Prof. Dr. Josef Kroll, Köln
Elysium
Prof. Dr. Günther Jachmann, Köln
Die vierte Ekloge Vergils
1953, 72 Seiten, kartoniert, DM 2,90

HEFT 3
Prof. Dr. Hans Erich Stier, Münster
Die klassische Demokratie
1954, 100 Seiten, kartoniert, DM 4,50

HEFT 4
Prof. Dr. Werner Caskel, Köln
Lihyan und Lihyanisch. Sprache und Kultur eines früharabischen Königreiches
1954, 168 Seiten, 6 Abb., kartoniert, DM 8,25

HEFT 5
Prof. Dr. Thomas Ohm, Münster
Stammesreligionen im südlichen Tanganyika-Territorium
1953, 80 Seiten, 25 Abb., kartoniert, DM 8,—

HEFT 6
Prälat Prof. Dr. Dr. h. c. Georg Schreiber, Münster
Deutsche Wissenschaftspolitik von Bismarck bis zum Atomwissenschaftler Otto Hahn
1954, 102 Seiten, 7 Bilder, kartoniert, DM 5,—

HEFT 7
Prof. Dr. Walter Holtzmann, Bonn
Das mittelalterliche Imperium und die werdenden Nationen
1953, 28 Seiten, kartoniert, DM 1,30

HEFT 8
Prof. Dr. Werner Caskel, Köln
Die Bedeutung der Beduinen in der Geschichte der Araber
1954, 44 Seiten, kartoniert, DM 2,—

HEFT 9
Prälat Prof. Dr. Dr. h. c. Georg Schreiber, Münster
Irland im deutschen und abendländischen Sakralraum

HEFT 10
Prof. Dr. Peter Rassow, Köln
Forschungen zur Reichsidee im 16. und 17. Jahrhundert
1955, 32 Seiten, kartoniert, DM 1,50

HEFT 11
Prof. Dr. Hans Erich Stier, Münster
Roms Aufstieg zur Weltherrschaft
in Vorbereitung

HEFT 12
Prof. D. Karl Heinrich Rengstorf, Münster
Mann und Frau im Urchristentum
Prof. Dr. Hermann Conrad, Bonn
Grundprobleme einer Reform des Familienrechts
1954, 106 Seiten, kartoniert, DM 4,50

HEFT 13
Prof. Dr. Max Braubach, Bonn
Der Weg zum 20. Juli 1944
1953, 48 Seiten, kartoniert, DM 2,20

HEFT 14
Prof. Dr. Paul Hübinger, Münster
Das deutsch-französische Verhältnis und seine mittelalterlichen Grundlagen
in Vorbereitung

HEFT 15
Prof. Dr. Franz Steinbach, Bonn
Der geschichtliche Weg des wirtschaftenden Menschen in die soziale Freiheit und politische Verantwortung
1954, 76 Seiten, kartoniert, DM 2,90

HEFT 16
Prof. Dr. Josef Koch, Köln
Die Ars coniecturalis des Nikolaus von Cues
1956, 56 Seiten, 2 Abb., kartoniert, DM 2,90

HEFT 17
*Prof. Dr. James Conant,
US-Hochkommissar für Deutschland*
Staatsbürger und Wissenschaftler
Prof. D. Karl Heinrich Rengstorf, Münster
Antike und Christentum
1953, 48 Seiten, 2 Abb., kartoniert, DM 2,90

HEFT 18
Prof. Dr. Richard Alewyn, Köln
Klopstocks Publikum
in Vorbereitung

HEFT 19
Prof. Dr. Fritz Schalk, Köln
Das Lächerliche in der französischen Literatur des Ancien Régime
1954, 42 Seiten, kartoniert, DM 2,—

HEFT 20
Prof. Dr. Ludwig Raiser, Bad Godesberg
Rechtsfragen der Mitbestimmung
1954, 48 Seiten, kartoniert, DM 2,—

HEFT 21
Prof. D. Martin Noth, Bonn
Das Geschichtsverständnis der alttestamentlichen Apokalyptik
1953, 36 Seiten, kartoniert, DM 1,60

HEFT 22
Prof. Dr. Walter F. Schirmer, Bonn
Glück und Ende des Könige in Shakespeares Historien
1954, 32 Seiten, kartoniert, DM 1,50

HEFT 23
Prof. Dr. Günther Jachmann, Köln
Der homerische Schiffskatalog und die Ilias
in Vorbereitung

HEFT 24
Prof. Dr. Theodor Klauser, Bonn
Die römischen Petrustraditionen im Lichte der neuen Ausgrabungen unter der Peterskirche
in Vorbereitung

HEFT 25
Prof. Dr. Hans Peters, Köln
Die Gewaltentrennung in moderner Sicht
1955, 48 Seiten, kartoniert, DM 2,20

HEFT 26
Prof. Dr. Fritz Schalk, Köln
Calderon und die Mythologie
in Vorbereitung

HEFT 27
Prof. Dr. Josef Kroll, Köln
Vom Leben geflügelter Worte
in Vorbereitung

WESTDEUTSCHER VERLAG · KÖLN UND OPLADEN

HEFT 28
Prof. Dr. Thomas Ohm, Münster
Die Religionen in Asien
1954, 50 Seiten, 4 Abb., kartoniert, DM 5,—

HEFT 29
Prof. Dr. Johann Leo Weisgerber, Bonn
Die Ordnung der Sprache im persönlichen und öffentlichen Leben
1955, 64 Seiten, kartoniert, DM 2,90

HEFT 30
Prof. Dr. Werner Caskel, Köln
Entdeckungen in Arabien
1954, 44 Seiten, kartoniert, DM 2,—

HEFT 31
Prof. Dr. Max Braubach, Bonn
Entstehung und Entwicklung der landesgeschichtlichen Bestrebungen und historischen Vereine im Rheinland
1955, 32 Seiten, kartoniert, DM 1,60

HEFT 32
Prof. Dr. Fritz Schalk, Köln
Somnium und verwandte Wörter in den romanischen Sprachen
1955, 48 Seiten, 3 Abb., kartoniert, DM 2,50

HEFT 33
Prof. Dr. Friedrich Dessauer, Frankfurt a. M.
Erbe und Zukunft des Abendlandes
in Vorbereitung

HEFT 34
Prof. Dr. Thomas Ohm, Münster
Ruhe und Frömmigkeit
1955, 128 Seiten, 30 Abb., kartoniert, DM 8,—

HEFT 35
Prof. Dr. Hermann Conrad, Bonn
Die mittelalterliche Besiedlung des deutschen Ostens und das Deutsche Recht
1955, 40 Seiten, kartoniert, DM 2,—

HEFT 36
Prof. Dr. Hans Sckommodau, Köln
Die religiösen Dichtungen Margaretes von Navarra
1955, 172 Seiten, kartoniert, DM 7,20

HEFT 37
Prof. Dr. Herbert von Einem, Bonn
Der Mainzer Kopf mit der Binde
1955, 88 Seiten, 40 Abb., kartoniert, DM 6,—

HEFT 38
Prof. Dr. Joseph Höffner, Münster
Statik und Dynamik in der scholastischen Wirtschaftsethik
1955, 48 Seiten, kartoniert, DM 2,20

HEFT 39
Prof. Dr. Fritz Schalk, Köln
Diderots Essai über Claudius und Nero
in Vorbereitung

HEFT 40
Prof. Dr. Gerhard Kegel, Köln
Probleme des internationalen Enteignungs- und Währungsrechts
in Vorbereitung

HEFT 41
Prof. Dr. Johann Leo Weisgerber, Bonn
Die Grenzen der Schrift — Der Kern der Rechtschreibreform
1955, 72 Seiten, kartoniert, DM 3,25

HEFT 42
Prof. Dr. Richard Alewyn, Köln
Von der Empfindsamkeit zur Romantik
in Vorbereitung

HEFT 43
Prof. Dr. Theodor Schieder, Köln
Die Probleme des Rapallo-Vertrages 1922
in Vorbereitung

HEFT 44
Prof. Dr. Andreas Rumpf, Köln
Stilphasen der spätantiken Kunst
in Vorbereitung

HEFT 45
Dr. Ulrich Luck, Münster
Kerygma und Tradition in der Hermeneutik Adolf Schlatters
1955, 136 Seiten, kartoniert, DM 6,15

HEFT 46
Prof. Dr. Walther Holtzmann, Rom
Das Deutsche Historische Institut in Rom
Prof. Dr. Graf Wolff Metternich, Rom
Die Bibliotheca Hertziana und der Palazzo Zuccari
1955, 68 Seiten, 7 Abb., kartoniert, DM 3,50

JAHRESFEIER 1955
Prof. Dr. Josef Pieper, Münster
Über den Philosophie-Begriff Platons
Prof. Dr. Walter Weizel, Bonn
Die Mathematik und die physikalische Realität
1955, 62 Seiten, kartoniert, DM 2,90

HEFT 47
Prof. Dr. Harry Westermann, Münster
Person und Persönlichkeit im Zivilrecht
in Vorbereitung

HEFT 48
Prof. Dr. Johann Leo Weisgerber, Bonn
Die Namen der Ubier
in Vorbereitung

HEFT 49
Prof. Dr. Friedrich Karl Schumann, Münster
Mythos und Technik
in Vorbereitung

HEFT 50
Prof. Dr. Wolfgang Schöne, Hamburg
Raffaels Sixtinische Madonna
in Vorbereitung

HEFT 51
Prälat Prof. Dr. Dr. h. c. Georg Schreiber, Münster
Der Bergbau in Geschichte, Ethos und Sakralkultur
in Vorbereitung

HEFT 52
Dr. Hans J. Wolff, Münster
Rechtsgestalt der Universität
in Vorbereitung

HEFT 53
Prof. Dr. Heinrich Vogt, Bonn
Schadenersatzprobleme im Verhältnis von Haftungsgrund und Schaden
in Vorbereitung

HEFT 54
Prof. Dr. Max Braubach, Bonn
Der Einmarsch der deutschen Truppen in die entmilitarisierte Zone am Rhein im März 1936. Ein Beitrag zur Vorgeschichte des zweiten Weltkrieges
in Vorbereitung

HEFT 55
Prof. Dr. Herbert von Einem, Bonn
Die Menschwerdung Christi des Isenheimer Altars
in Vorbereitung

HEFT 56
Prof. Dr. E. J. Cohn, London
Der englische Gerichtstag
in Vorbereitung

HEFT 57
Dr. Albert Woopen, Aachen
Die Zivilehe und der Grundsatz der Unauflöslichkeit der Ehe in der Entwicklung des italienischen Zivilrechts
1956, 88 Seiten, kartoniert, DM 4,—

If you have any concerns about our products,
you can contact us on
ProductSafety@springernature.com

In case Publisher is established outside the EU,
the EU authorized representative is:
**Springer Nature Customer Service Center GmbH
Europaplatz 3, 69115 Heidelberg, Germany**

Printed by Libri Plureos GmbH
in Hamburg, Germany